太阳石系列科普丛书

SUNSTONE POPULAR SCIENCE SERIES

百变太阳石
CHANGEABLE SUNSTONE

王国法　吴群英　张　宏　主编

科学出版社　中国科学技术出版社
·北　京·

图书在版编目（CIP）数据

百变太阳石 / 王国法 , 吴群英 , 张宏主编 . -- 北京：
科学出版社 : 中国科学技术出版社 , 2023.10
（太阳石系列科普丛书）
ISBN 978-7-03-076581-9

Ⅰ . ①百… Ⅱ . ①王… ②吴… ③张… Ⅲ . ①煤炭—
普及读物 Ⅳ . ① TD94-49

中国国家版本馆 CIP 数据核字（2023）第 182694 号

责任编辑	李　雪　李亚佩	
封面设计	锋尚设计	
责任校对	王　瑞	
责任印制	师艳茹	

出　　版	科学出版社　中国科学技术出版社	
发　　行	科学出版社发行	
地　　址	北京东黄城根北街 16 号	
邮　　编	100717	
发行电话	010-64031535	
网　　址	http://www.sciencep.com	

开　　本	710mm×1000mm　1/16	
字　　数	237 千字	
印　　张	11.75	
版　　次	2023 年 10 月第 1 版	
印　　次	2023 年 10 月第 1 次印刷	
印　　刷	北京中科印刷有限公司	
书　　号	ISBN 978-7-03-076581-9/TD・405	
定　　价	98.00 元	

太阳石系列科普丛书简介

太阳石系列科普丛书由中国工程院院士王国法等主编，近百位科学家参与编写，由中国科学技术出版社与科学出版社联合出版。一期出版四册，分别是：《发现太阳石》《开采太阳石》《百变太阳石》和《太阳石铸青山》。

穿透时空，穿透大地，太阳把能量传给森林植物，历经亿万年地下修炼，终成晶石——"太阳石"。太阳石系列科普丛书探秘太阳石的奥秘，剥开污涅，呈现煤的真身。

太阳石系列科普丛书从地质学、采矿学、煤化学、生态学、机电工程、信息工程、安全工程和管理科学等多学科融合视角，系统介绍煤炭勘探与开发、清洁利用和转化、矿区生态保护与修复的科学知识，真实呈现现代煤炭工业的新面貌，剥开污名化煤炭的种种错误认知，帮助读者正确认识煤炭和煤炭行业。

太阳石系列科普丛书适合青少年和各类读者阅读，也适合矿业从业人员的业务素养提升学习。

开篇序言

煤炭是地球赋予人类的宝贵财富，在地球漫长的运动和变化过程中，太阳穿透时空，穿透大地，把能量传给森林植物，大量植物在泥炭沼泽中持续地生长和死亡，其残骸不断堆积，经过长期而复杂的生物化学作用并逐渐演化，终成晶石——"太阳石"，一种可以燃烧的"乌金"。

人类很早就发现并使用煤炭生火取暖。18世纪末，西方开始使用蒸汽机，煤炭被广泛应用于炼钢等工业领域，成为工业的"粮食"。从19世纪60年代末开始，煤炭和煤电的利用在西方快速发展，推动了第二次工业革命，催生了现代产业和社会形态。第二次工业革命促进了生产关系和生产力的快速发展，人类进入"电气时代"，煤炭与石油成为世界的动力之源。从20世纪40年代起，核能、电子计算机、空间技术和生物工程等新技术的发明和应用，推动第三次工业革命不断向纵深发展，技术创新日新月异，煤炭从传统燃料向清洁能源和高端化工原材料转变，成为能源安全的"稳定器"和"压舱石"。在已经到来的第四次工业革命中，煤炭的智能、绿色开发和清洁、低碳、高效利用成为主旋律，随着煤炭绿色、智能开发和清洁、低碳、高效转化利用技术的不断创新，将使我国煤炭在下个百年中继续成为最有竞争力的绿色清洁能源和原材料之一。

能源和粮食一样，是国家安全的基石。我国的能源资源赋存特点是"富煤、贫油、少气"，煤炭资源总量占一次能源资源总量的九成以上，煤炭赋予了我们温暖，也赋予了社会繁荣发展不可或缺的动力和材料。我国有14亿人口，煤炭、石油和天然气的人均占有量仅为世界平均水平的67%、5.4%和7.5%。开发利用好煤炭是保持我国经济社会可持续高质量发展的必要条件。

煤炭深埋地下，需要地质工作者和采煤工作者等共同努力才能获得。首先需要经过地质勘探找到煤炭，弄清煤层的分布规律和赋存条件，这就是煤炭地质学家的工作。煤炭开发首先要确定开拓方式，埋深较浅的煤层可以采用露天开采，建设露天煤矿；埋深较深的煤层可以采用井工地下开采，建设竖井或斜井，到达地下煤层后再打通巷道通达采区各作业点，这就是建井工程师的工作。接下来，采矿工程师和装备工程师需要完成井下巨系统的设计和运行，把煤炭从地下采出并运送到地面煤仓和选煤厂，经过分选的煤炭最终才能被运送给用户。

煤炭就是"太阳石"，是一种既能发光发热又能百变金身的"乌金"。它不仅可以用于超超临界燃煤发电和整体煤气化联合循环发电，实现近零碳排放，还可以高效转化为油气和石墨烯等一系列高端煤基材料，亦可作为航天器燃料和多种高科技产品的原材料。煤炭副产品还可以循环利用，促进自然生态绿色发展。

过去的煤矿和所有矿山一样，在给予人类不可或缺的物质财富的同时，会造成生态环境的损害，如采空区、塌陷区、煤矸堆积区等产生的环境负效应。然而，现代绿色智慧矿山开发注重与生态环境协调发展，在采矿的同时进行生态保护和修复。矿业开发投入了大量资金，也产出了巨额财富，促进了资源地区的社会经济发展，大幅度增加了生态治理的投入能力，内蒙古鄂尔多斯—陕北榆林煤田开发30多年来生态环境明显向好，把昔日的毛乌素沙漠变成了鸟语花香的绿洲，这是煤炭开发促进地区绿色发展的最有力证明。

今日的现代化煤矿已不是昔日的煤矿，今日的煤炭利用也不仅是昔日的烧火做饭。当今的智能化煤矿，把新一代信息技术与采矿技术深度融合，建设起完整的智能化系统，并且把人的智慧与系统智能融为一体，实现了生产力的巨大进步，安全生产得到了根本保障。当前，我国智能化煤矿建设正在全面推进，矿山面貌焕然一新，逐步实现煤矿全时空、多源信息实时感知，安全风险双重预防闭环管控；全流程人—机—环—管数字互联高效协同运行，生产现场全自动化作业。煤矿职工职业安全和健康得到根本保障，煤炭企业价值和高质量发展有了核心技术支持。

长期以来社会对煤矿和煤炭的认知存在很多误区，煤矿和煤炭被污名化。本套太阳石系列科普丛书，包括《发现太阳石》《开采太阳石》《百变太阳石》《太阳石铸青山》四册，从地质学、采矿学、煤化学、生态学、机电工程、信息工程、安全工程和管理科学等多学科融合视角，系统介绍煤炭勘探与开发、清洁利用和转化、矿区生态保护与修复的科学知识，力求全维度展示现代煤矿和煤炭利用的真面貌，真实讲述煤炭智能、绿色开发利用的科学知识和价值，真实呈现现代煤炭工业的新面貌，正本清源，剥开污名化煤炭的种种错误认知，帮助读者正确认识煤炭和煤炭行业。

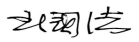

2022年8月

目录

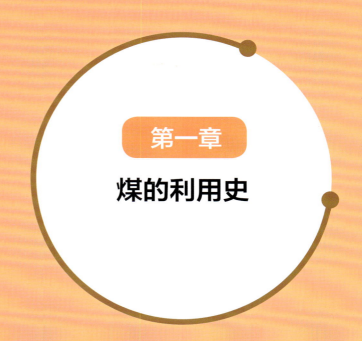

第一章

煤的利用史

在我国历史文献记载中，煤炭的利用方式多种多样，从燃烧取暖到金属冶炼，从写字作画到中医入药，正是这些丰富的利用手段，使得煤炭在我国历史长河中留下浓墨重彩的一笔。

时至今日，煤炭在我国能源供应中占据重要地位，对国民经济的发展起着不可替代的支撑作用。没有煤炭来发电、没有煤炭来炼钢，我们的衣食住行都会很艰难，更别提煤炭给幸福生活带来的便利条件了。下面让我们一起去了解一下人类认识煤、使用煤的历史吧！

煤炭

煤铁冶炼推动了人类文明进步

在中国古代，煤真正的工业化利用要从冶铁行业说起。河南巩义市铁生沟和古荥镇汉代冶铁遗址中都先后发掘出了大量的煤饼，这说明我国最迟在汉代就掌握了制作型煤和利用煤冶炼铁的技术。

春秋战国时期古人炼铁

古荥汉代冶铁遗址博物馆

南北朝时期，我国就有关于用煤炼铁的文字记载。唐宋时期，随着人口增加，对冶炼技术与燃料的需求与日俱增，据考证，公元1078年前后，宋代每年平均的铁产量达到了7.5万吨到15万吨。唐代就出现了"炼炭""瑞炭"等处于雏形阶段的焦炭。到了宋代技术逐步完善，出现了专门的炼焦炉。1958年，在河北磁县观台镇的宋元遗址发现了三座炼焦炉和两座瓷窑遗址，遗址中有许多煤渣土，煤渣薄的地方仅0.15米，厚的地方0.95米，这说明在宋元时期，古人已经掌握了炼焦技术和以煤为燃料烧制瓷器的工艺。山西稷山的金代墓葬中出土了数百斤焦炭。炼焦技术的发明和焦炭的出现是我国古代煤炭利用史上的一个飞跃。明代宋应星《天工开物》中记载："碎煤有两种……炎平者曰铁炭，用以冶锻"，把适合于炼铁的煤称为铁炭。

中国磁州窑富田遗址

国外在冶炼实践中也总结出了炼焦技术，但比中国要晚近千年。图中这座建于1779年的英国大铁桥，是世界上第一座铁桥。桥整体呈现拱形，跨度为30.6米，重达384吨，别看这座桥跨度这么长，但它的大梁几乎全是用铸铁制作的，这说明当时无论是铁的产量还是质量都有了质的飞跃。那么这种跨越是如何做到的呢？

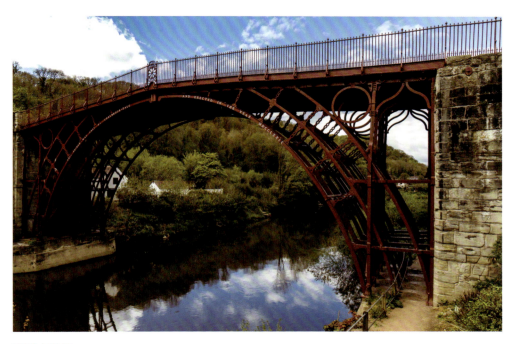

英国大铁桥

古代英国炼铁用的主要是木炭。到了近代，英国当时生产1吨铁需要5吨木炭。英国曾有人尝试把煤直接和铁矿石混合一起放在高炉里冶炼，但是他和我们中国古人发现了同一个问题，就是有些煤里有很多杂质，这样炼出来的生铁太脆了，没法用。

解决这个难题，不得不提这座宏伟铁桥的发明人亚伯拉罕·达比三世的爷爷老亚伯拉罕·达比。1708年前后，出生于钢铁铸造世家的老亚伯拉罕·达比开始尝试以廉价的焦炭代替当时在英国日益匮乏的木炭进行高炉炼铁，在经历了多次失败后，他发现了最适合用来生产焦炭炼铁的煤种是产自什罗普郡的低硫煤。另外达比还放大了炼铁高炉的尺寸，保证铁矿石与燃料能长时间接触，并通过安装更强大的鼓风设备以提升炉温，持久强大的鼓风保证了燃料充分地燃烧和氧化。

木炭燃烧

经过几年的努力，老亚伯拉罕·达比在1715年前后完全掌握了焦炭冶铁的技术。到1791年，焦炭制生铁已经占英国生铁产量的90%，大大缓解了木材对制铁业的限制。老亚伯拉罕·达比的这一突破具有划时代的意义，改变了当时英国工业的格局和发展历程。

煤——为近代世界大变革提供了源源动力

蒸汽机和电力的推广应用，是近代人类文明进步的两大标志性成果。

蒸汽机的发明，是第一次工业革命的重要标志，使人类由200万年来以人力为主的手工劳动时代进入了近代机器大生产时代。这不仅是技术发展史上的一次巨大革命，更是一场深刻的社会变革。工业革命使英国的社会生产力得到飞速发展，一跃成为世界头号工业强国。

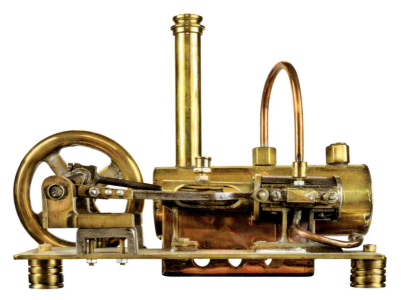

蒸汽机

煤炭作为蒸汽机的主要动力源，从此站到了世界经济舞台的中心。特别是蒸汽机在交通运输业中的应用，使人类迈入了"火车时代"，迅速扩大了人类的活动范围。大家都知道是詹姆斯·瓦特改良了蒸汽机，因此，后人把功率的单位定为"瓦[特]"来纪念这位伟大的发明家。

詹姆斯·瓦特

　　1814年英国人理查德·特里维西克创造了一辆铁路蒸汽机车，并迅速得到了改进。在19世纪中期，蒸汽机车在欧美国家得到了广泛应用。

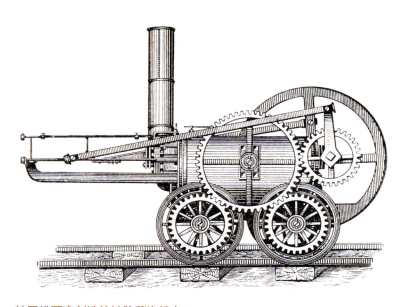

特里维西克创造的铁路蒸汽机车

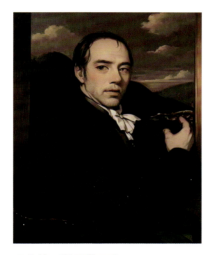

理查德·特里维西克

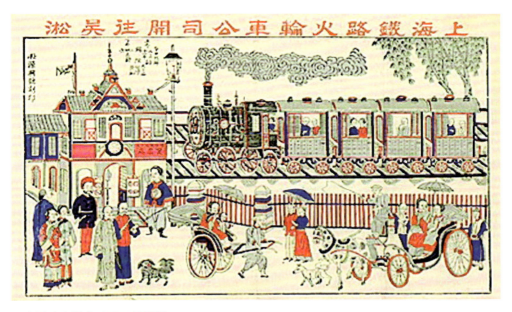

1876年7月3日，中国第一条铁路——"吴淞铁路"建成通车，我国引进了第一台外国蒸汽机车"先导号"，时速为24～32千米。

上海铁路火轮车公司开往吴淞

此后直到中华人民共和国成立前，中国大地上行驶着英、美、德、法、日、比等国30多家工厂生产的198种型号的蒸汽机车，被人们称为"万国机车博览会"。1952年，四方机车车辆厂（简称四方机车厂）制造出了中国第一台国产解放型蒸汽机车。

中国第一台国产解放型蒸汽机车"八一号"

其后，四方机车厂、大连机车厂、唐山机车厂、大同机车厂等陆续生产了近万台蒸汽机车。蒸汽机车一度成为中国铁路运输的主要牵引动力，中国还一度颁布过蒸汽机车用煤的技术标准。1988年12月21日，大同机车厂停止蒸汽机车生产，标志着中国蒸汽机车制造的结束。

我国蒸汽机车服役期间消耗了多少煤呢？据统计，一列载重3000吨的蒸汽机车，每跑1千米，平均要烧掉30千克煤。从1952年第一台国产解放型蒸汽机车投入使用到大同机车厂停止生产蒸汽机车期间，我国每年的动力用煤，有2%要用于蒸汽机车。1949～1985年，中国共生产煤炭约128亿吨，按照上面的数据，一共有2.5亿吨左右的煤炭被蒸汽机车烧掉，这是一个非常可观的数字，煤炭为当时中国工业原材料和产品运输、人员出行提供了强有力的保障。

　　电力的使用，是第二次工业革命的标志。说起电力，煤的贡献就更大了。如果没有煤，电力的大规模推广几乎是不可想象的。1875年，法国巴黎北火车站附近建立了第一座火力发电站，后来，美国、俄罗斯、英国也相继建成小火电厂，电力开始走进寻常百姓家。1882年，托马斯·阿尔瓦·爱迪生在美国纽约珍珠街建立电厂，为城市提供电力照明。同年，英国人李德尔在上海筹建了中国第一座发电厂，是一座装机容量12千瓦的直流火电厂。1886年，美国建成第一座交流发电厂。20世纪30年代以后，火力发电进入大发展时期。

家庭用电

1949年中华人民共和国成立时，全国发电装机总容量仅为185万千瓦，年发电量为43亿千瓦时，人均年用电量仅为9千瓦时。1949年以后特别是改革开放以来，中国的电力事业突飞猛进。截至2022年底，电力装机容量猛增到25.6亿千瓦，其中火电装机容量13.32亿千瓦，占全国装机的52.0%，同时火力发电量占到全国总发电量的69.8%。2022年人均用电量达6117千瓦时，接近世界平均水平。

火力发电站

目前全国有160余台百万千瓦超超临界燃煤发电机组在运行，我国燃煤发电机组的大气污染物超低排放标准已经高于世界主要发达国家和地区，这是非常了不起的成就。即使在目前各种新能源技术百花齐放、日新月异的情况下，煤炭仍然是能够在关键时刻稳住电力供应"基本盘"的"压舱石"和"稳定器"。

点亮万家灯火，守护温暖生活

现在大家对使用燃气灶具已经习以为常了，但是你知道吗？大规模使用天然气作为家用燃气，也就是最近二三十年的事。这之前，家用燃气主要来自人工煤气。即使是现在，人工煤气虽然不再作为家用燃气的主力军，但是在合成化工产品等方面，仍具有不可替代的作用。那么，人工煤气是怎么发明的呢？

说起这件事，就不得不提到一个人，英国发明家威廉·默多克，他是瓦特蒸汽机研究团队的一员。

一个偶然的机会，他把细煤粒放到烟斗里，发现煤渣加热后释放的气体被点燃后火光特别亮，随后他就开始研究用这种气体照明的可能性。1792年，默多克成为第一位成功制备煤气用于照明的人，第一个投放使用的地方就是他自己的家。他先把煤放进一个相对密闭的容器里加热，并在房子里安装了管道，这样气体就能通过管道输送到各个房间，最后在需要照明的地方被点燃就行了。

煤气灯

这个发明是革命性的。煤气的照明用途被发现后得以迅速铺开，极大地改善了家庭和公共照明。在19世纪，英国和其他发达地区，工业化进程最明显的标志之一，就是煤气灯这种发出金黄色光芒的人工光源。这种西方的先进科技也传到了中国，1865年上海成为当时亚洲第一个使用煤气的城市。爱迪生发明电灯后，煤气灯与白炽灯照明的竞争又持续了数十年时间，直到煤气灯全面被电灯取代。但人工煤气作为家用灶具气源，则一直延续到当代。

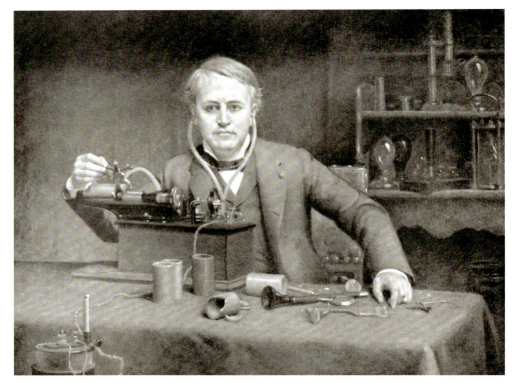

托马斯·阿尔瓦·爱迪生

早期的人工煤气是通过干馏技术获得的，即通过把煤在隔绝空气条件下加热来产生煤气，包括现代化焦炭、兰炭生产过程中产生的煤气，都是利用这种原理。

1839年波索夫用空气使泥炭不完全燃烧，制得了发生炉煤气。1873年，美国人Thaddeus S.C. Lowe（萨迪厄斯·S.C.洛）发明了水煤气的生产方法，利用水蒸气与焦炭反应产生一氧化碳和氢气。这是一种全新的煤气制备技术。此后，按照煤在气化炉中运行状态的差异，衍生出固定床气化炉、流化床气化炉和气流床气化炉三类不同的气化工艺。早期的煤气炉多为常压操作的固定床气化炉。第一次世界大战结束，出现了以生产甲醇、合成氨为代表的合成气工业，为了满足原料煤气化的需要，20世纪20年代研制了流化床气化炉，30年代出现了加压气化技术，50年代出现了气流床粉煤气化技术。目前，煤气化已经成为现代煤化工的龙头和最重要的单元技术。通过煤气化可以生产工业燃料气、民用燃料气、化工合成原料气、合成燃料油原料气、氢燃料电池、合成天然气、火箭燃料等，煤气化还可用于煤气联合循环发电。

20世纪80年代之前，大型煤气化技术一直被外国垄断。据不完全统计，80年代以来我国各地引进的外国煤气化装置，仅专利实施许可费就高达3亿多美元，更严重的是，由于缺少自己的煤气化技术及高水平的研究团队，我国在与外国谈判引进技术时，几乎所有的合同都有一条不平等条款——所有在中国国内使用国外煤气化技术过程中的改进，专利权无偿归外国企业所有。

在此背景下，中国气流床气化技术的开拓者——华东理工大学的于遵宏先生从20世纪80年代开始，致力于气流床气化技术的研究开发，他带领团队主持研发了具有中国自主知识产权的多喷嘴对置煤气化技术，一举打破了国际上大型跨国公司对大型煤气化技术的垄断。

2005年7月，中国第一台日产1000吨新型气化炉在山东兖矿国泰化工有限公司成功运行，成为我国煤气化技术进入国际先进行列的一个里程碑，实现了我国煤化工界几代人的梦想。

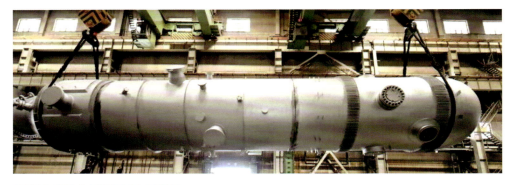

多喷嘴对置式水煤浆气化炉吊装

目前我国煤气化技术开发状况已经完成了逆袭。除华东理工大学团队外，航天长征化学工程股份有限公司、清华大学等机构，相继于2010年前后开发了具有完全自主知识产权的煤气化技术。目前中国的煤气化技术已经走在了世界前列。

煤炭浑身是宝，宝库当属煤焦油

如果小时候生活在北方，家里用过烧煤的炉子，你可能会发现排烟管道里有时候会淌出来一种黑褐色的黏黏的液体，这就是煤焦油。

它可以说和咱们刚刚提到的用来照明的煤气是哥俩儿，因为它们都是在煤的干馏过程中产生的。一开始人们觉得煤焦油这个东西挺讨厌的，因为它不但不好清理还有刺鼻的臭味，但是随着人们和煤打交道的时间增加，越来越认识到煤焦油是一种宝贵的化工原料。根据目前的研究成果，高温煤焦油里含有1万多种化合物。化学家很早就开始想办法从煤焦油里提取有用的成分，其中第一个办法就是把它加热蒸馏试一试，这一试不要紧，从此就为人类打开了化工新世界的大门。

煤焦油

　　1819年，英国人加登和布兰德在煤焦油中发现了萘，这是在煤焦油中发现的第一个化合物。1832年杜马斯和洛朗从煤焦油中发现了蒽，一系列的成功激励人们对煤焦油进行更深入的探索。煤焦油就这样成功"逆袭"了，摇身一变成了香饽饽。

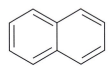

萘的结构式

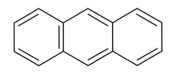

蒽的结构式

　　苯酚最早是在煤焦油中发现的，因为出自煤焦油，故又称石炭酸。它的首次声名大噪要归功于英国一个名叫约瑟夫·利斯特的医生。

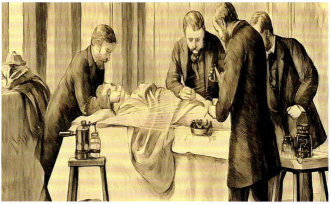

约瑟夫·利斯特和他的无菌外科手术操作

　　利斯特1861年担任格拉斯哥皇家医院外科医生时，由于当时的消毒技术落后，患者因术后感染而死亡的很多。注意到患者死亡总是发生在伤口开刀之后，利斯特了解到法国科学家巴斯德关于细菌是物质产生腐败原因的理论并深受启发，他相信只要手术后保护好伤口，防止细菌侵入，将会有利于创口的愈合。

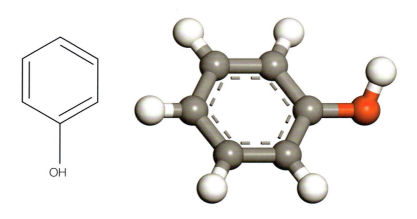

苯酚的结构式及分子模型

　　1865年，他为一个断腿的患者进行手术，偶然之下他用石炭酸对手术室、手术器械、自己的双手以及患者的手术创口进行了处理，结果患者的伤口很快愈合。后来这个方法在全世界范围被广泛推广，拯救了千百万人的生命。外科医生利斯特发明的"苯酚消毒法"，被誉为19世纪医学史上的一次革命，他本人也获得了"外科消毒之父"的美称。

没有煤焦油就没有近代有机化学合成工业，除了苯胺和苯酚，人们还从煤焦油中分离出了苯、甲苯、二甲苯等有机化合物，利用它们合成了化肥、农药、洗涤剂、溶剂和多种合成材料。中国目前已经建设了多个以煤焦油为原料生产针状焦等高端炭材料的工厂。未来，随着技术水平的不断提高，煤焦油中的宝贵化学物质还将不断被分离出来，服务于人类。

化肥

煤焦中分离合成的多种材料

神奇的煤制油技术

"歪打正着"的煤直接液化技术

中国有一座全世界独一无二的工厂，那就是坐落在内蒙古自治区鄂尔多斯市境内的全球首条百万吨级煤直接液化制油生产线，该项目从2004年开始建设，2009年开始商业化运行。煤直接液化的原理，就是通过对煤加氢，使固态的煤转变为液态的油品。

煤直接液化制油生厂区

国家能源集团鄂尔多斯煤制油分公司生产线的"心脏"——加氢反应器，高近38米，单台重2100多吨，体量居全球在役加氢反应器之首。

科学家对煤进行加氢液化研究有很长的历史，1869年马塞兰·贝特罗（M.Berthelot）最早进行了煤的加氢研究。但真正促使"煤变油"梦想成真的，是德国化学家弗里德里希·卡尔·鲁道夫·贝吉乌斯，他对物质在高压下的反应非常感兴趣。1913年，他通过在高压下加氢，观察煤的反应，发现在溶剂存在的条件下，通过加氢，煤可以转变为重质油。这一发现为煤的直接液化奠定了基础，并获得世界上第一项煤直接液化专利。

加氢反应器

煤直接液化发明人贝吉乌斯

第二次世界大战期间，德国为了满足战争需要，兴建了数座直接液化装置，年生产的液体燃料达400万吨，极大缓解了德国军队的用油问题。第二次世界大战后，随着石油资源的大规模开发利用，煤炭直接液化项目逐步衰落。但在中国，由于"缺油、少气、富煤"的资源禀赋特征，中国科学家一直致力于煤炭直接液化的技术开发工作。其中，煤炭科学技术研究院有限公司长年坚持煤直接液化工艺的优化和煤种遴选工作，为神华直接液化项目建设做出了突出贡献。

『石油禁运』倒逼出来的大规模煤间接液化技术

直接把煤变成油固然是一件好事，但这种技术对原料煤的要求较高，并不是所有的煤都可以通过直接液化转变成油。所以，科学家又开发了另一条技术路线，即间接液化，这种技术首先把煤气化，生产合成气，然后通过化学方法使气体之间发生反应，生成油品。这种技术称为费-托（F-T）合成，是由德国化学家弗朗兹·约瑟夫·埃米尔·费歇尔和汉斯·托罗普施于1925年发明的。

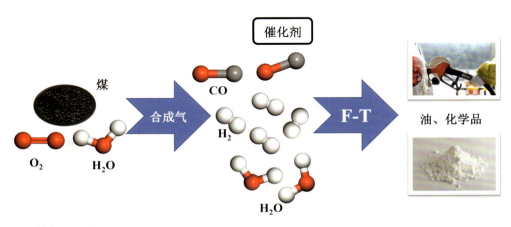

费-托合成原理

费–托合成技术开发成功后，并未在德国开花结果用于煤制油的工业化生产，反倒是在南非落地生根。由于"富煤炭、少油气"的资源禀赋特征，南非为了减少石油的进口依赖，早在20世纪20年代末就开始了煤炭液化（coal-to-liquids，CTL）技术的研究。

20世纪40年代，南非通过了《液化燃料和石油法案》，正式将开发煤炭液化技术列为解决能源问题的国家战略，并以立法的形式确定下来。经过多年的攻关，1955年南非成立的专门从事煤炭液化研究和生产的单位——萨索尔公司，成功生产出第一桶CTL柴油，在塞昆达建成了第一座CTL工厂，第一批煤制油制品也开始供应市场。

20世纪70年代，南非因推行种族隔离政策被国际社会加以石油禁运的制裁，更是加快了其煤炭液化技术的研发步伐。在70年代石油危机后，南非又先后在萨索尔堡及塞昆达建起了第二座、第三座CTL工厂，在当时甚至都保证了南非的能源供给。

南非萨索尔公司加油站

目前我国已经完全掌握了煤间接液化技术，对煤间接液化全套工艺技术开展了工业示范工作。

宁夏间接液化项目

　　煤为社会发展贡献了大部分的热力和电力，除此之外，以煤为原料还能生产很多产品。

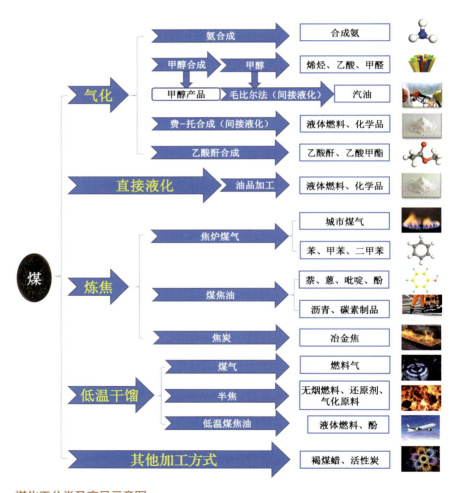

煤化工分类及产品示意图

说起煤制品，估计大家首先会想到煤化工，通过煤化工可以生产的产品太多了，比如：大宗化学产品，有合成氨、化肥、甲醇、汽油、烯烃、乙二醇、煤制天然气等；各类焦炭，有冶金焦、铸造焦、兰炭等；炭材料，有活性炭、分子筛等；煤焦油及其馏分产品，有萘、蒽、酚、吡啶等；其他还有苯、甲苯、二甲苯、褐煤蜡、腐殖酸、硫黄、乙酸酐、乙酸甲酯等。

但这就是煤制品的全部吗？远远不是。

我们日常生产和生活中用到的钢铁、水泥、塑料、化纤，以及电解铝、稀有金属（如镓、锗等）等，都离不开煤，可以说，大家住的房子、穿的衣服、开的汽车，都与煤炭息息相关。甚至是矿区的煤矸石，都可以用来生产陶瓷、建筑材料等。目之所及，要说出我们日常生活中哪些产品与煤完全无关，真是一件比较困难的事。如果没有煤炭，即使这个社会仍能生产出汽车、衣服、家用电器等日常生活用品，但这些东西，恐怕只有少数人才能消费得起。从这个角度看，是煤炭这个经济实惠又能大规模开发的宝藏，为今天我们的幸福生活提供了最基础的能源和材料。

金属镓

金属锗

相信很多人都有这样的经历——严寒冬日、雪花飘零，煤球炉上，或是香甜的米粥，或是炙烤的红薯，或是翻滚着的火锅冒着腾腾热气，将家的味道深深镌刻在记忆里。不知道大家是否注意过炉中燃烧的蜂窝煤呢？圆柱状的煤饼中间打了很多孔，形似蜂窝，故称蜂窝煤。这种蜂窝煤一度是中国乃至东亚地区很多家庭的主要燃料，时至今日，一些偏远地区和农村家庭还在使用蜂窝煤。

燃烧前后的蜂窝煤

蜂窝煤步入千家万户，是什么原因让它如此受广大群众的喜爱呢？直接烧煤不行吗？难道是因为像蜂窝一样形状比较好看吗？言已至此，说起来还真和蜂窝煤上的小孔有不少关系，就让我们一起来了解一下吧。

蜂窝小孔中的 科学道理

2016年北京国际设计周经典设计提名奖共有5个项目，包括上海虹桥综合交通枢纽、中国手扶拖拉机、中国北斗导航系统、南京长江大桥和蜂窝煤。生活中常见的普普通通的蜂窝煤，为何能获如此殊荣呢？

蜂窝煤也叫煤饼，是型煤的一种，一般使用碎煤加水混合一定比例的黄土加工而成，也有一些速燃或环保型蜂窝煤中添加了一些其他材料，以提高效能或减少空气污染。蜂窝煤不仅成本低廉、工艺简单，而且使用方便，着火快，燃烧时间长，在很长一段时期深受老百姓喜爱。

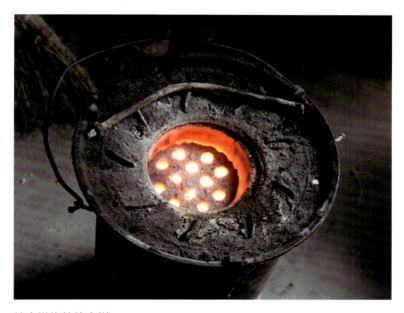

炉中燃烧的蜂窝煤

相信很多中老年朋友都有童年时被父母叫去更换蜂窝煤或者晚上封炉的经历吧？更换蜂窝煤时，要留一块还在燃烧的蜂窝煤放在炉子底部，上面放上未燃烧的新蜂窝煤，放之前要用火钳把蜂窝煤的小孔通一通，然后对齐下面的孔，这样，不一会火苗就会冒出来了。说到这里，就不得不提蜂窝煤上的通孔了，这是蜂窝煤能够高效燃烧的关键！蜂窝煤的通孔可不仅仅是为了使用时夹持方便，也能在燃烧时保证足够的通风量，并且这些通孔的存在还使得蜂窝煤的表面积更大，进而使蜂窝煤能够充分燃烧。

其实封炉也是一件很有意思的事情。很多家庭晚饭过后基本上就不太需要炉火了，但是炉火熄灭，第二天早上引燃又是一件麻烦事，所以人们就会把炉子下部的进气口封上，保留火种，方便明天继续使用。蜂窝煤的通孔是为了保持足够的通风量和增加燃烧面积，而封炉恰恰相反，封炉是为了减少通气量，延缓蜂窝煤的燃烧，从而保证蜂窝煤中的火种能够安全度过夜晚。第一次封炉，就把进气口完全封住的应该不在少数吧？封炉时一定要留点缝隙才可以，如果完全没有空气通入，炉火是要熄灭的。这是因为燃烧需具备三个要素：可燃物、助燃物和着火源，对于正在燃烧的蜂窝煤来说，空气或者说空气中的氧气就是助燃物，完全隔绝空气就会造成火焰熄灭。

型煤知多少？

什么是型煤？型煤就是将粉碎的煤料以适当的工艺和设备加工成具有一定几何形状、尺寸和理化性能的块状燃料，其实就是将碎煤加工成满足要求的块煤。

型煤有很多品种，蜂窝煤就是型煤的一种，属于民用型煤，对于工业领域来说，就有各种各样的工业型煤来满足不同工业场景的需要，如气化型煤、燃料型煤、型焦等。型煤也有不同的形状，有长条形的，也有扁球形的，尺寸大小不尽相同，应用场景也不同。

那么，为什么要发展型煤呢？随着煤炭机械化开采的水平逐年提高，虽然煤炭产量增加，但是块煤的产量却逐渐降低，而煤粉的产量则大幅增加。在煤炭工业领域，许多方向都需要块煤，这就造成了块煤供不应求的情况，所以，为了缓解块煤供需矛盾，同时解决煤粉产量增加、积压严重等问题，型煤技术就有了用武之地。

一种褐煤制作的型煤

🔥 知识链接

"捏"出来的型煤

　　将煤炭粉碎制成煤粉后，加入特制的黏结剂，通过机械设备压制成型，就像泥人被捏出来一样。为了满足不同需求，制作型煤的煤炭种类和黏结剂种类也不尽相同，尤其是黏结剂，品类繁多，除了黏土或膨润土等无机物外，还有一些糊化淀粉、纸浆废液等有机物，有机–无机复合黏结剂。

目前，型煤技术在民用清洁型煤、气化型煤等领域应用较多，在焦化领域也有一定应用。将煤粉加工成块状的型煤，既能缓解块煤供需问题和煤粉积压严重的情况，也能按照工艺要求制作出性能优良、尺寸合适的型煤，一举多得。

煤的属性和战略定位

中国一直是煤炭大国，无论是探明可采储量还是年开采量，在世界范围内都数一数二，我国煤炭在一次能源消费结构中的占比更是独占鳌头，那么为何煤炭如此重要，而且我国"非煤不可"呢？这就需要结合我们国家的资源结构现状和当今世界的科技发展水平来说了。

为何我国"以煤为主"？

露天开采的煤矿

地下开采的煤矿

　　我国是一个"富煤、贫油、少气"的国家，这样的资源赋存特征决定了在我国一次能源消费结构中煤炭的主体地位。

　　截至2018年底，中国煤炭探明可采储量1388亿吨，占全球储量的13.2%；石油探明可采储量35亿吨，仅占全球储量的1.5%；天然气探明可采储量6.1万亿立方米，仅占全球储量的3.1%。同年国内一次能源消费结构中，煤炭占58.4%，石油占19.6%，天然气占7.4%，新能源占14.7%。

　　看到这里，大家应该明白，我国煤炭资源丰富，石油和天然气资源匮乏，造成了我国以煤为主的局面。在20世纪50年代，煤炭在我国一次能源消费结构中的占比曾一度高达90%！再者，虽然我国煤炭资源丰富，但是地域分布很不均匀，主要分布在西北和华北等地区，山西、陕西、内蒙古和新疆四省（区）约占全国探明资源储量的4/5。因此，也有"西煤东运"的说法，指的就是中国西部地区的煤炭往东部沿海地区运送。

煤炭关乎国家安全

能源安全是一个国家长期稳定发展的基石，结合我国国情，煤炭的地位更是重中之重。由于油气资源的匮乏，加之煤炭资源丰富，所以解决中国能源问题必须从煤炭入手。

随着科技发展日新月异，各种新能源技术也是层出不穷，目前应用较为广泛的有核能发电、水力发电、风力发电、光伏发电等，甚至利用地热、潮汐等进行发电，虽然近年来新能源技术水平不断提高，其在能源结构中的占比不断增加，但火力发电仍然是主力。据统计，截至2021年底，火力发电占到全国总发电量的70.8%，因此，煤炭的重要性不言而喻，在关键时刻，煤炭是稳住电力供应"基本盘"的"压舱石"和"稳定器"！

除此之外，油气资源的匮乏也造成了我国油气对外依存度居高不下。煤炭直接液化和间接液化的煤制油技术，有助于我国摆脱对原油和石油产品的过度依赖，提高能源安全。而且，我国的煤气化技术，不仅能够保证各种化工合成原料的供应，其中的煤制天然气同样能够缓解我国的能源问题。

所以说，煤炭关乎国家安全，这句话毫不夸张。

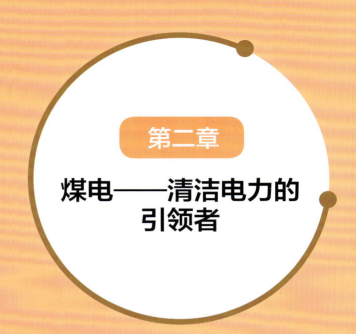

第二章

煤电——清洁电力的引领者

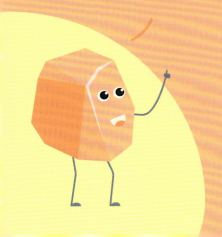

电，让人类有了无限可能的多彩生活，当今时代，人们无法想象没有电的生活。那么电力从何而来呢？实际上，现代社会之所以能够保证大家都用上电、随时能用电，主要是煤炭的贡献。可以说，煤炭是燃烧自我，点亮了千家万户。

电能闪耀下的上海外滩

如果全球电力按下暂停键，生活中所有和电有关的东西都失效了：手机关机，电梯、冰箱、电磁炉不能用，就连冲水马桶都因为电力导致供水力不足而无法使用。汽车也发动不起来了，公共交通全面瘫痪，超市断货，取款机无法使用。最大的问题是：食物短缺，最终导致生存危机。停课停工不可怕，最可怕的是找不到饮用水和食物，电力的停摆就是一场全球大灾难。

停电的城市失去活力

当然，随着技术的发展，人类不仅可以利用燃烧煤炭来发电，还可以把太阳光照、奔流的江河湖海、呼啸的风，甚至小小的原子统统都转化成电能。但在所有的发电方式中，燃煤发电作为最经典、最"老牌"、最稳定的发电技术，年发电量一直稳居世界第一，而且这个"第一"还将稳坐很长一段时间。燃煤发电如何为人类做出贡献？接下来，带你了解煤电的前世今生。生活中使用的电是怎么产生的？一块块黑色的煤炭为什么会转化成电？煤炭最终是怎样转化成电的呢？

燃煤发电是利用煤炭燃烧产生的热量使水变成高温高压的水蒸气，水蒸气被赋予强大的动力后可以推动汽轮机旋转，紧接着带动发电机转子快速运动，这样就能源源不断地产生电能。整个过程就是热能—机械能—电能的转化，这一切的一切，就是煤炭燃烧自我、发光发热的过程。

煤炭的华丽转变

电力家族的成员

燃煤发电厂远景

相信你一定在城市的外围见到过高大的烟囱和冷却塔，这是燃煤发电厂的标志性建筑。在这里，煤炭化身为熊熊烈火，为生活在城镇的居民带来光和热。燃煤发电其实就是煤炭在锅炉中燃烧发热，加热水使其形成高温、高压的蒸汽，让蒸汽的动能转化成电能。全世界的电力供应中，有将近60%是由燃煤提供的，而在中国，这一比例高达70%。中国的能源资源禀赋特征和经济发展阶段，共同决定了我们在很长时间内将离不开煤炭这个物美价廉、经济实惠的能源奉献者。

除了燃煤发电，火力发电中还包含燃油发电、燃气发电、垃圾发电、沼气发电以及利用工业锅炉余热发电等。同燃煤发电一样，都是通过燃烧可燃有机物，将热能转化成电能。燃油发电所用的油基本上是从石油中提炼出汽油、煤油、柴油等以后剩下的油——重油，发电成本较低；而燃气发电则是用天然气和煤气进行发电。

当你驱车穿越广袤无垠的草原，或是在海边漫步，常能看到矗立在远方的巨大风轮。一个个转动的"大风车"正在为我们提供源源不断的清洁能源，这就是风力发电。近年来，在许多地区，你还会发现一片片黑色的光伏板汇集成的"森林"，这个是太阳能光伏发电。在我国风能和太阳能均集中的地区（青海、甘肃、内蒙古、海南等），总能看到风机在转动，光伏板闪耀着光芒。

内蒙古广袤无垠的风电基地

太阳能发电

　　作为新兴的发电家族成员，风力发电和太阳能光伏发电的发展备受关注。2021年数据显示，当年全球风力发电的总量占到供电总量的5.7%，太阳能光伏发电的比例为4.6%，而在中国，这两个数据分别为7%和2.3%。我国在新能源发展方面，虽然起步很晚，但是依靠天然的环境优势和成熟的技术，发展突飞猛进，各自占比也在稳定增长。

核能发电是利用核反应堆中链式裂变反应释放的核能产生电能的发电方式。核电作为21世纪最闪亮的新兴能源，与传统的化石能源相比，具有清洁和易采集的特点。地球上蕴藏着数量可观的核电原料——铀、钍。

不要小看这小小的原子，它释放出的能量超乎我们的想象：1千克的铀全部裂变放出的能量相当于2700吨标准煤燃烧放出的能量！可谓是"小小的身体，蕴藏大大的能量"。

核电站

生物质能发电，就是太阳能以化学能形式贮存在生物质中的能量被用于发电，是直接或间接地来源于绿色植物的光合作用，转化为燃料，是唯一的可再生的碳源。生物质类别广泛，包括木材、森林废弃物、农业废弃物、城市和工业有机废弃物、动物粪便等，都可用于发电。海洋能指蕴藏在海洋中的可再生能源，包括潮汐能、海流能、海洋温差热能、盐度差能及海草燃料等能源。利用一定的方法、设备把各种海洋能转换成电能，具有可再生性和不污染环境等优点，是一种亟待开发的新能源。地热能是地球内部蕴藏的各类能量的总称。这种能量来自地球内部的熔岩，并以热力形式存在。运用地热能最简单和最合乎成本效益的方法，就是直接取用这些热源，并利用其能量。

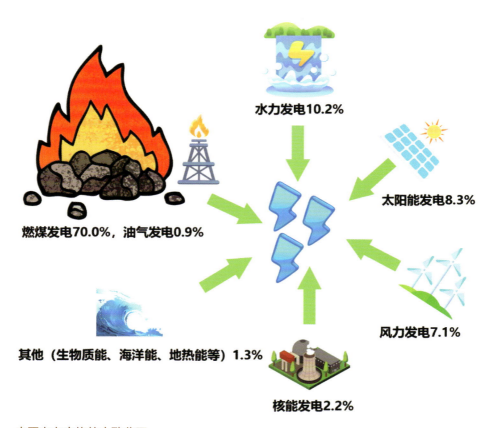

水力发电10.2%

太阳能发电8.3%

燃煤发电70.0%，油气发电0.9%

风力发电7.1%

其他（生物质能、海洋能、地热能等）1.3%

核能发电2.2%

中国电力家族的大致分工

从最初的仅仅依靠燃煤发电，到如今燃油气发电、水力发电、风力发电、太阳能光伏发电、核能发电、海洋能发电、地热能发电等共同发力，"电力家族"逐渐发展壮大。从世界发电结构来看，煤电比例可以达到总发电量的36%（数据来源：Global Electricity Review 2022），而在中国，煤电一直保持着中流砥柱的作用，勤勤恳恳，默默肩负着中国发电总主力的重担。

🔥 知识延伸

什么是电力系统

电力系统是由发电、输电、变电、配电、用电设备及相应的辅助系统组成的电能生产、输送、分配、使用的统一整体。其中由输电、变电、配电设备及相应的辅助系统组成的联系发电与用电的统一整体称为电力网。因此，电力系统也可以描述为是由发电厂、电力网、电力用户组成的整体。

煤电为何如此重要

发电厂的"粮食"——煤炭

燃煤发电一直作为中国最主要的电源，发电厂每年要"吃掉"20亿吨的煤炭用于发电。现在各种新能源都处于蓬勃发展中，为什么煤电还是如此不可替代呢？接下来我们从现代电力技术发展和各类电力的供电特性等方面进一步了解煤电的重要性。

水力发电的问题一样突出。一是水电站需要在水流量大的河流、落差较大的河流中上游进行建造，选址问题较为局限。二是建成周期长，耗费巨大。从选址到建成，中小型水电站建设周期都在5年以上，我国三峡水电工程仅建设周期就长达17年！17年的资本投入巨大，并不能让水力发电的成本降至煤电成本。三是受季节性河流流量和气候的影响较大。2022年夏季，罕见的高温天气使得四川这个水电第一大省电力告急！正值汛期，奔流不息的江河一改往昔之雄壮气势，化身为涓涓细流，缓缓流过水电站，微弱的水力丝毫无法推动电磁转子。

　　无独有偶，青藏、云贵高原天气一日百变，太阳能光伏板刚要吸收太阳能量，风起云涌，太阳能被遮挡得不剩多少。尽管太阳投向地球的能量总和极其巨大，真正能够到达陆地表面并且可以利用的太阳能不足5%，这种低密度的能量如利用起来必须要求占地面积大，但是太阳光的日夜间歇性和雨雪天、阴天、雾天甚至云层的变化都会直接影响太阳能光伏板接收太阳能，所以太阳能的转换效率低，难以形成高功率发电系统。外界总说太阳能发电绿色无污染，其实制造太阳能光伏板的过程是高污染、高能耗的，严格来讲，太阳能发电并不高效绿色。

　　核电，一种蕴含强大能量的发电方式，产生的能量巨大，是其他发电能源都无法比拟的。1千克铀原料可以发电2280万千瓦时。核电确实可以在发电稳定性上与煤电媲美，但是因为原料和废料的高放射性，远远不及煤电安全。核电一旦启动，无法即停，也无法参与调峰。生物质能、海洋能和地热能发电在我们的生活中很不常见，除了地域的局限性，此类发电形式难以科学有效地掌控，发电稳定性和规模也远不及煤电。

什么是电力调峰

伴随着新能源发电的发展，我们对稳定电力输出的要求更加苛刻。在不稳定的新能源和要求苛刻的稳定电力输出之间存在一个矛盾。这时候需要有一个巨大的电源，使不稳定的新能源和稳定电力输出达成平衡。也就是说，在使用新能源的过程中，这个巨大的电源要时刻做准备，当没有可再生能源的时候，它就要立刻补上去，这就是调峰。

煤与电才是"最佳拍档"

传统的电网需要提供稳定性强的支撑性电源，否则电网的安全性将无法得到保障。这些都是风电、光伏等间歇性电源无法保障的，只能由传统的煤电来保障。而且，电力在发展中会出现用电高峰期需要增加发电，用电低谷减少或停止发电的模式，既是合理的电力调配，也是对发电方式的要求。有困难就上，并且能够稳定持续地解决困难的发电方式，看来也只有煤电"老大哥"才能顶得住。

煤电的华丽转变

通过前面的介绍，相信大家对煤电的"物美价廉""经济实惠"，以及煤电的稳定性和不可替代性都有所了解。但这是不是煤电的全部优势呢？显然不是。经过几代人的努力，如今的燃煤发电，无论从发电效率，还是从环境效益来看，都已经完全跻身清洁能源行列。如今的燃煤发电已经不再是简单地将煤炭放进锅炉燃烧发电，而是从原料的净化处理开始，到发电机组的参数优化，再到烟气净化，最终达到既提高发电效率又可实现近零排放的最优化过程。下面我们通过几个事实来看一下燃煤发电的技术进步。

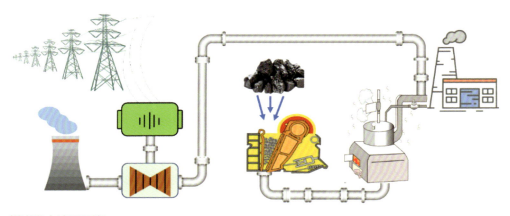

煤炭发电流程示意

燃煤发电机组参数的进步——有压力就有效率

改进发电机组的参数，可以达到高效率发电，就是用最少的煤，发最多的电。燃烧煤炭是为了让密闭的电站锅炉内的水尽可能地转化为蒸汽，随着加热过程的持续，机组内的压力就会越来越高。压力的升高会使水的沸点变高，如果继续维持原来的温度，机组内的水就无法继续变为水蒸气。这好比就是用高压锅煮水，温度要达到120℃才能将水煮沸是一样的。当温度不断升高，锅炉内的水在液气之间迅速转换，则会直接导致容器中的气液状态成为一体，这种状态的水也被称为"超临界流体"。既然这样，我们就把能让机组内的水完全变成水蒸气的温度和压力叫作临界值，一旦超过了临界值，就可以让更多的水变成水蒸气，来提高发电效率。这时候的条件被称为超临界，一旦超临界值的温度和压力被突破，就叫作超超临界。发电机组的参数突破有利于尽可能地将燃煤热能转化成电能。

♦ 知识延伸

什么是超临界流体？

超临界流体，既不是液态，也不是气态，但是它能够同时拥有液体与气体双重性质。它拥有如气体般的低黏度、高流动性，同时又具有液体般的高密度。在推动汽轮的过程中，能够提供更大的动量、更小的能量损耗，因此发电效率更高。

超超临界机组则拥有更大的压强以及更高的蒸汽压力，不过此技术不同国家对超超临界的标准定义不一样，我国一般将采用压力高于31兆帕，或温度高于593℃的蒸汽机组称为超超临界机组。用这样的蒸汽去推动汽轮机组做功的发电技术就是超超临界燃煤发电技术。

亚临界机组	16.7兆帕，534/558摄氏度	煤耗324克/千瓦时	热效率38%
超临界机组	21.4兆帕，538/566摄氏度	煤耗300克/千瓦时	热效率41%
超超临界机组	25～31兆帕，640/600摄氏度	煤耗274克/千瓦时	热效率45%

不同临界机组区别及条件参数（数据来源：《"双碳"目标下先进发电技术研究进展及展望》）

电站烟气的净化——黑烟雾的"隐身术"

煤炭在上一个环节被"吃干榨净"后到达了它使命的最后一个环节——排放"废物"。但是并不是你想排放多少就能排放多少。目前国家针对燃煤机组发电排放物有严格的限制，规定排放的废气中烟尘的含量不得大于20毫克每立方米，二氧化硫含量不可超过50毫克每立方米，氮的氧化物含量不可超过100毫克每立方米，汞及其氧化物含量不可超过0.03毫克每立方米。不要小看这些数字，每一项指标都是对煤电的考验。说到烟气的处理流程，并不是复杂难懂的高尖端技术，但需要利用相关物理化学变化的叠加优化组合，逐级去除燃煤发电排出气体中的污染物。

针对外排烟气的组成和性质，在整个反应塔加设除尘器和除尘袋，把大颗粒悬浮物拦截下来。接着向高温烟气喷洒一定浓度的氨水，将烟气中的氮氧化物变为空气中含量最高的氮气，实现氮氧化物无害化转变；初步处理后，烟气的"毒性"已经荡然无存，接着从反应塔上方喷洒石灰水浆，充分与烟气中的二氧化硫反应，除去烟气中99%以上的二氧化硫；这时的烟气已经达到了排放标准，但是燃煤电厂为了努力达到超高洁净排放标准，又在最后增加活性炭除去重金属及其化合物的工序。这就是为什么现在我们看到燃煤电厂排出的烟雾是白色的水汽而不是刺鼻乌黑的浓烟。

烟气净化

循环流化床锅炉发电技术——"吃"煤多，发电多

循环流化床锅炉发电技术是煤电大家庭中又一员"大将"。除了具有高发电效率、发电过程清洁高效、污染排放量低、负荷调节范围大以及灰渣易于处理等优势外，针对我国煤炭种类复杂的资源特点，发展了燃料适应性广这一特色。简单来说，就是将各种不同洁净等级的煤炭粉碎成很小的颗粒，锅炉内的气体不均匀地流动，煤粉在不规则的运动中被燃烧殆尽。再加上循环往复的燃烧过程，锅炉内的反应更加充分，燃烧效率极高，在燃烧过程中就可以实现脱硫，实现氮氧化物的超低排放和灰渣的综合利用。

在循环流化床锅炉发电机组中，煤粒按照颗粒大小被分派了不同的任务：玉米粒般的大颗粒燃烧所需要的时间比较长，就在炉膛的底部慢慢烧，守住炉膛底部的温度；绿豆粒个头大小的颗粒在炉膛底部和中部之间传递热量。最积极的是不到小米粒大小的颗粒怀揣着热量到炉膛的每个角落去，将燃烧的热量在炉膛内均匀分布，将一壁之隔的水蒸气加热到相同温度。这些不到小米粒大的煤粉吹出炉膛后，仍有没烧完的碳，因此高温气固分离器便使它们返回炉膛继续循环工作。

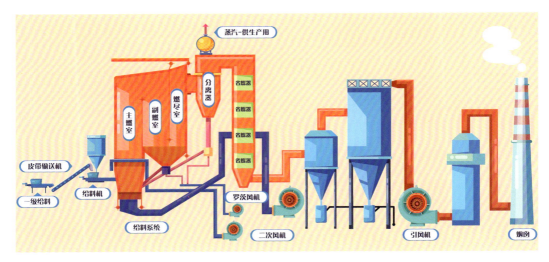

循环流化床锅炉发电机组示意图

IGCC发电技术——煤炭变气，效率加倍

整体煤气化联合循环（integrated gasification combined cycle，IGCC）是新型洁净煤发电技术，将煤炭转化和煤炭利用相互结合，做到煤炭利用的"吃干榨尽"。IGCC的发电效率高，环保性能好，是煤电发展过程中的又一"撒手锏"，如此先进且高效环保的煤电技术在我国早已生根落地，相继建立了三座示范工程，其中天津"绿色煤电"项目是纯发电模式的标杆。

IGCC是由煤的气化与净化系统和燃气–蒸汽联合循环两部分组成。煤粉首先被转化成煤气，通过净化煤气去除煤气中的硫化物、氮化物、粉尘等污染物，变为清洁的气体燃料。然后燃烧煤气，通过汽轮机来发电。简单地说，所谓IGCC发电就是在已经完全成熟的燃气—蒸汽联合循环发电机组的基础上，叠置一套煤炭气化和净化设备，将煤炭转化成清洁的合成煤气，继而实现煤的高效和清洁利用。在大家最为关心的环保排放方面，IGCC技术做得可谓是极其出色，可实现近零排放（粉尘和硫氧化物含量小于1毫克每立方米；氮氧化物含量小于10毫克每立方米），甚至燃烧高硫煤和难燃煤也可实现近零排放。还有就是捕集二氧化碳的成本是常规煤电的1/3，比常规煤电节水2/3。从煤炭入炉到废气排放，每一个环节都是围绕高效、清洁、安全、稳定进行，是名副其实的清洁发电技术。

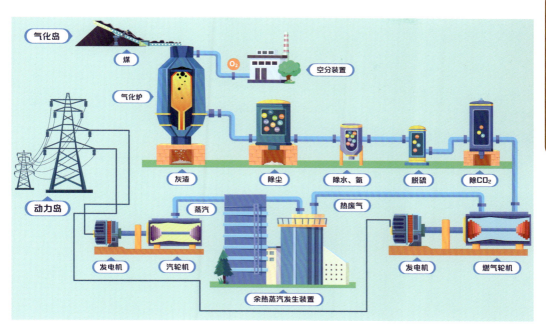

IGCC流程模型

气化岛　煤　气化炉　空分装置　灰渣　除尘　除水、氨　脱硫　除CO_2　动力岛　蒸汽　热废气　发电机　汽轮机　余热蒸汽发生装置　发电机　燃气轮机

世界上第一座以纯发电为目的的IGCC电站，在1972年德国的斯蒂克电站试运行，整个电站实际达到的供电效率为34%。但是由于气化炉运行很不稳定，煤气中又含有较多的煤焦油和有毒物质难以处理，致使该示范工程最终被迫停运。1984年，美国加利福尼亚州的冷水电站IGCC机组成功解决了气化和发电效率两个主要问题，安全稳定的运行大大激发了世界各地的IGCC电站的建立。日本福岛县勿来IGCC的空气气化炉改进了循环装置，将残存于粗煤气中的焦炭分离出后再循环回到燃烧室中继续燃烧，气化炉的碳转化率高达99.8%。我国华能天津IGCC发电系统达到世界先进水平，碳转化率保持在98%以上，得到的有效气体含量超过90%。所有煤种都符合气化部分的入料煤要求，完全可以实现煤炭发电的绿色高效发展。

IGCC示范电站

煤炭发电依旧是电力主要来源

    中国的煤电发展和许多高效低排放的超超临界电厂的经验表明，当今煤电排放控制技术已经能够实现非温室气体污染物排放的高效控制，甚至超过超低排放的要求。

    了解过各类发电方式后，我们对燃煤发电有了更加清晰的认知，燃煤发电不再是最"脏"的发电方式，而是目前高效、清洁和绿色的发电方式之一。随着科学技术的不断发展，人类还会继续改造燃煤发电的关键技术，提高发电效率，同时突破其他发电方式的技术壁垒，打造"煤炭＋新能源"耦合稳定供电新方式，努力为人类和社会的发展提供不竭的动力。

煤炭与新能源耦合发展

伴随着科技的进步和时代的发展，新能源异军突起，全世界掀起新能源发展的浪潮。但是新能源并没有最初人们设想的完全替代化石能源——尤其是煤炭。

多种多样的能源供应方式

全世界能源危机频现造成新能源无法承担全人类的能源消耗，众人又将能源安全的重担托付于煤炭。2021年，我国煤电以不足50%的装机占比，生产了全国70%的电量，承担了70%的顶峰任务，可见，煤电在能源兜底保障和绿色低碳转型方面将持续发挥着举足轻重的作用。在历史进程中，煤炭或许会逐渐地退出历史舞台，但这一进程需要确保新能源如同煤炭这般安全、高效、稳定、经济地供应。

煤炭和新能源既是替代关系，也是辅助关系，关键在于二者如何优化组合。煤炭与新能源深度耦合利用无疑是一个绝佳的途径。煤炭和新能源的耦合作用可以通过化学转化、电力、热力等多种形式实现。风能、水能、太阳能等可再生能源通过发电制氢将不稳定能量转化为稳定能量，并提供煤转化过程的用氢需求，形成转化利用耦合，此外太阳能还可与燃煤形成耦合发电以提升能源互补性；核能既可通过制氢耦合煤化工，同时可实现核能余热气化及核–煤热耦合以降低能耗；生物质可与燃煤形成耦合发电路径，并与煤形成共转化。

🔥 知识延伸

什么是耦合？

耦合指两个或两个以上的体系或两种运动形式之间通过各种交互作用而彼此影响，从而联合起来产生增力、协同完成特定任务的现象。

煤与新能源耦合清洁转化

太阳能煤炭耦合制氢

　　新能源与煤的耦合路径主要为发电制氢，替代现在煤化工产业的制氢方式，可以降低煤炭消耗，并且提高新能源利用效率。煤与生物质耦合制备化学品，通过共热解、气化、液化等多种途径，提升煤炭转化效率。

煤与可再生能源耦合发电

　　煤炭与太阳能光热耦合发电利用太阳能与燃煤的相互搭配，可以降低煤炭消耗和污染物的排放。主要是依靠煤炭发电，而太阳能作为辅助，使得在太阳能发电保持高效率、稳定运营的情况下，减少煤炭的消耗量，并降低煤炭的浪费率。

煤与生物质耦合发电

　　煤与生物质耦合发电是通过煤电机组的高效发电系统使生物质直接参与发电。简单来说就是把生物质当作煤炭进行燃烧。煤炭发电可以是直接燃烧煤粉，也可以是将煤粉气化后燃烧发电。煤与生物质耦合发电同燃煤发电一样，只是在煤粉中掺杂生物质，调节生物质与煤粉的比例，具有可以减少煤炭的直接消耗，充分利用生物质等优点。

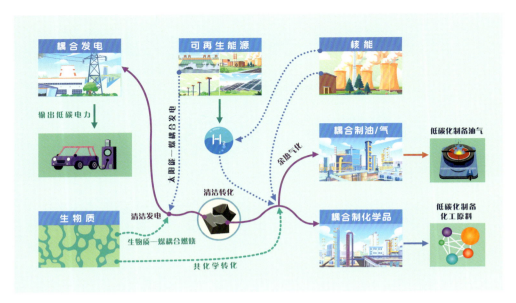

耦合发电

输出低碳电力

生物质

清洁发电

太阳能—燃煤耦合发电

生物质—煤耦合燃烧

其化学转化

可再生能源

清洁转化

余热气化

核能

耦合制油/气

低碳化制备油气

耦合制化学品

低碳化制备
化工原料

煤与新能源耦合途径

　　根据我国能源消费结构和煤炭在能源中的地位的变化趋势，发展煤炭消费方式变革的新路径——煤炭与新能源深度耦合利用是大势所趋。煤炭与风能、太阳能、生物质能、核能等典型新能源耦合技术的发展，势必会给煤电带来新的发展机遇。

第三章

煤炭焦化

我国的化学工业是以煤化工为基础发展起来的。作为煤化工的主力之一，焦化一直有着举足轻重的地位。为什么会这样呢？其实，焦化工业，主要是为钢铁工业服务，而钢铁工业对国家建设一直起着举足轻重的作用。

焦化厂

中华人民共和国成立初期百废待兴，各行各业开始了蓬勃发展。在当时，建设社会主义新中国需要各种物资，钢铁是基础，钢铁行业的发展带动了焦化行业的发展。除了恢复重建因战争损坏的焦化厂，我国也从苏联引进了大批技术，至此，我国的焦化工业开始发展。

焦炉

中华人民共和国成立时，全国钢铁年产量仅15.8万吨，到1980年，全国钢铁年产量上升到3712万吨，此后钢铁工业进入了蓬勃发展阶段。国家统计局统计数据显示，2021年，中国粗钢产量为10.33亿吨，占全球总产量的52.9%。当年中国钢铁表观消费量为9.52亿吨，占全球总消费量的51.9%，全年中国焦炭产量达到了4.64亿吨。

钢铁型材

这一系列数字，见证了我国焦化工业的成长。星星之火，可以燎原。从无到有，从小到大，从落后到先进，几十年间栉风沐雨，中国的焦化就这么一步步走来。

钢铁工业的「焦」印

从笔尖滑动的小小圆珠，到高楼大厦万丈林立，钢铁之于生活，无处不在。低合金高强度的钢结构支撑着"鸟巢"的独特造型，南京长江大桥横跨南北两岸，法国埃菲尔铁塔静静地矗立在巴黎战神广场，还有美国旧金山金门大桥、北京大兴机场等，这些耳熟能详的地标性建筑，均使用了成千上万吨的钢材。

国家体育场——鸟巢

南京长江大桥

法国埃菲尔铁塔

美国金门大桥

北京大兴机场

使用大量钢铁建造的各种地标建筑

中国每年要生产9亿吨生铁、10亿吨钢材，才能满足国民经济发展的需要。那么，钢铁是怎样炼成的呢？

钢铁冶炼企业

钢铁是怎样炼成的？

在高温下利用还原剂将金属铁从铁矿石中还原出来得到生铁的过程称为炼铁，需要的主要原料是铁矿石、焦炭、熔剂和氧气等。炼铁的主要设备是高炉，在炼铁过程中，焦炭的主要作用是作为燃料提供热量、作为还原剂以及作为炉内物料的支撑骨架。高温下经过还原后，铁水从出铁口流出，炉渣从出渣口排出，煤气经炉顶导出得到高炉煤气，作为工业用煤气可以用于焦化、轧钢及发电等。铁水进一步根据需要加工成各种用途的钢。

我们日常生活中使用的钢铁，平均每100吨铁，就有95吨是通过高炉炼铁生产的。高炉炼铁中，焦炭是必不可少的原料，它在高炉中发挥着燃料、还原剂和支撑骨架等多重作用。

高炉远景

正在冶炼的高炉

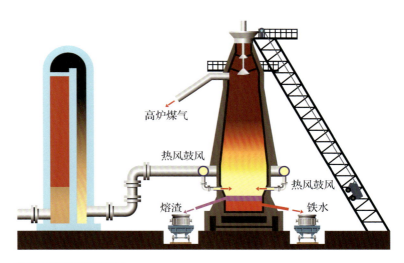

高炉煤气

热风鼓风

热风鼓风

熔渣

铁水

高炉工作原理示意图

　　古代冶炼使用的是木材，但随着冶炼规模的不断增长，以及森林资源的匮乏，煤炭开始被用于冶金。起初是直接使用，随着技术的进步，开始出现了炼焦技术，即把煤在隔绝空气条件下加热到1000摄氏度左右进行干馏，炼成焦炭，提高其块度和强度，便于冶炼应用，提高生产效率。在现代冶金工业中，铁矿石与焦炭在高炉中冶炼，出来的铁水进一步加工就成为工业和生活中使用的钢铁。中国每年要生产4.5亿吨左右的焦炭，才能满足高炉炼铁的需要。

什么样的煤才能制成合格的焦炭呢？不同于作燃料，炼焦对原料煤是比较"挑肥拣瘦"的。世界上的煤炭大致可以分为三类，分别为褐煤、烟煤和无烟煤。对于炼焦来说，烟煤中的"青壮年人群"是焦化的主力军。烟煤中共有十二个"兄弟"，其中的气煤、肥煤、焦煤、瘦煤等作为骨干，其他"兄弟"互相配合，有些贡献高强度，有些贡献低灰分，有些贡献低成本，才能够帮助人们获得价廉物美、具有市场竞争力的焦炭产品，这就是焦化领域常说的配煤炼焦。中国目前有近400座焦化厂，通过配煤炼焦，大大节约了优质的主焦煤资源，降低了钢铁生产成本。

打开焦炉炉门后呈现的炽热焦炭

知识链接

煤岩配煤

　　配煤炼焦可以节约宝贵的焦煤资源。那么，通过什么样的手段能实现配煤炼焦呢？煤岩分析就是其中最基础、最重要的方法。通过煤岩分析，可以科学地分析各种原料煤在炼焦过程中发挥的作用，可以有效地辨识炼焦煤中的"南郭先生"，从而指导炼焦生产，保证焦炭质量。

配煤炼焦基本手段——煤岩分析

　　目前在中国，配煤炼焦的应用十分广泛。几乎所有的焦化企业都采用各种配煤技术来降低优质炼焦煤的使用量，从而节约资源、降低成本。煤炭科学技术研究院有限公司煤质技术与煤炭标准化创新团队在这方面取得了丰富的研究成果，开发了煤岩图像分析系统，研究制定了炼焦用煤质量国家标准，有力地支持了炼焦原料煤质量市场监管和焦化企业生产管理。

焦炭的生产过程

从煤矿采出的煤炭，经过洗选后运送到焦化厂备煤工段，通过将气煤、肥煤、焦煤、瘦煤等煤互相配合形成配煤，然后通过装煤车送入焦炉中隔绝空气开始加热（1000摄氏度左右），进而产生焦炭、焦炉煤气（coke oven gas，COG）以及煤焦油等炼焦化学产品。焦炭成熟后，推焦车、拦焦车开始运作，将焦炭导入熄焦车内，送至熄焦工段，然后经过筛分等工序得到焦炭产品。炼焦过程中荒煤气（也叫粗煤气，即未经处理的煤气）从焦炉顶部空间导出，然后降温分离成煤焦油和煤气，煤气经过净化分离就得到焦炉煤气，并回收一些化学产品，分离出的煤焦油通过进一步加工得到各种化学产品。

熄焦车内燃烧的焦炭

炼焦化学产品中的 『群英荟萃』

钢铁工业的"粮食"——焦炭

　　炼焦除了可以获得钢铁工业的"粮食"外，还有什么用处呢？

　　超市里琳琅满目的水果，新鲜翠绿的蔬菜，还有品类繁多的米面粮油，在当今人口众多的社会情况下，各种农产品保质保量地供应，离不开化肥农药的支持。

超市里各种新鲜的蔬菜

给农作物施肥

　　说到这里，大家或许猜出来了，化肥和农药的生产也和炼焦有关。实际上，疫情期间医用消毒液也和焦化有关系。

公共场所消毒

其实，在配煤炼焦的过程中，高达上千摄氏度的高温让煤炭变成焦炭时发生了神奇的反应，不仅生成了焦炭，还产生了煤气和煤焦油。

放散的煤气被点燃（图中圆柱体是巨大的煤气储存装置）

煤气的成分复杂，其中很多是非常宝贵的化学品资源。这些物质需要从煤气中一一收集，最后得到净煤气和各种化学品。除了用作城市煤气和工业燃气外，净煤气还可以用来生产合成氨，进而制成尿素等氮肥，也可以用来制取氢气、生产甲醇或天然气等，用途很广，不一而足。

但是千万别忘了，煤气中分离出来的各种化学品更是宝贝，我们可以利用技术手段继续处理这些物质，生产出各种各样的化学产品，如硫黄、硫酸铵、甲苯等，这样不仅能够保护环境，还可以产生很多经济效益。

硫黄

煤焦油自从与煤气分离后，就开始独自蜕变，衍生出一系列化学产品。如煤焦油经过初步加工，可以得到轻油、酚油、萘油、洗油、一蒽油、二蒽油以及沥青和含有喹啉的重吡啶盐基产品等。

煤焦油沥青可以用来铺路

煤焦油所包含的组分数目可达上万种，目前已查明的约500种，约占煤焦油组分总数的55%，其中包括苯、甲苯、萘、酚、甲酚等上百种常用的化学原料。另外，还有一些含量仅有千分之几或万分之几的组分，别看它们的含量低，但在地球上非常稀缺且用途广泛，是塑料、合成纤维、染料、合成橡胶、医药、农药、耐辐射材料、耐高温材料以及国防工业的重要原料，特别是吡啶、喹啉类化合物和很多稠环化合物，这些煤化工产品的取得是石油化工等其他渠道难以代替的。

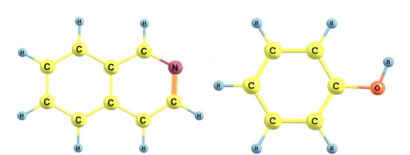

异喹啉（左）和苯酚（右）的分子结构

刚才为什么说"大白"们喷洒的消毒液和焦化有关呢？因为苯酚稀溶液可是医药上最早使用的喷洒消毒剂，除此之外，各种酚类化合物还用作医药中的中间体、解热镇痛药等，甚至还有煤焦油做的洗发水等产品。

煤焦油也可制成洗发水等生活用品

其实，煤焦油生产的诸多产品中，还有一个"异类"，它的名字叫针状焦，看到它的名字恐怕很多人都会疑惑，针状焦是焦炭吗？它和煤焦油有什么关系呢？其实针状焦是一种外观银灰色、有金属光泽的多孔固体，有纤维状或针状的纹理走向，故得名针状焦。针状焦是生产超高功率电极、碳纤维及其复合材料等高端碳素产品的原料，同时在锂离子电池、电化学电容器、核石墨等方面也有广泛用途，在国内外都属于稀缺产品。中国目前已建成了以煤焦油为原料的针状焦生产线，所以针状焦也是煤焦油"千变万化"中的重要一员。

煤系针状焦

经过化工分离及处理后，煤焦油衍生来的各种产品转身就变成了高端化学品。煤焦油的市场价大概在几千元每吨，化身针状焦后身价涨了近10倍，售价高达几万元每吨，如吖啶等化学产品，每千克的价格都已经接近10万元。

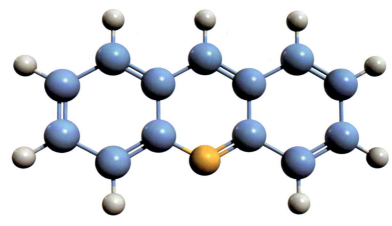

吖啶的分子结构（又名10-氮杂蒽、二苯并吡啶）

炼焦工艺的回眸与转身

通过前文的介绍，想必大家可以理解为什么炼焦与钢铁生产关系密切，进而与我们的生活息息相关，也能够理解炼焦化学品的重要性。但是大家可能还会有疑问，这么多焦化厂都是怎么生产的？会不会造成污染？下面，带着大家去看一下炼焦工艺的进化过程。

18世纪，焦炭大规模炼铁获得成功，城市煤气和煤气照明也开始普及，除了焦炭和煤气外，炼焦副产化学品的回收和利用也逐渐工业化，焦化技术在工业革命的带领下，由"步履蹒跚"逐渐"健步如飞"。

起初的炼焦，以成堆干馏和土法炼焦为主，生产工艺落后，不仅产量低下，品质难以保证，而且导致环境污染严重，生产现场浓烟滚滚，工人的生产安全也存在重大隐患，因为没有配套的煤气和煤焦油回收工艺，所以也造成了资源的极大浪费。

土法炼焦

现如今，国内最大的焦炉高度已经达到7.65米，同时干熄焦、化产回收、余热发电、焦油处理、环保设施等工艺配备齐全，焦炭产量和质量自不用说，相关化学产品也得到了充分回收，提高了资源利用率。随着计算机技术的发展，我国的焦化工业已经进入了信息化、数字化时代。

现代化焦炉

焦炉顶部一侧

追溯历史，煤炭到焦炭华丽转身的背后，充满着艰辛。

20世纪初，中国第一批近代焦炉在鞍山建成投产，之后石家庄、北京石景山、本溪、大连和吉林等地也相继建设，后来因为战争遭到破坏。中华人民共和国成立后，恢复或新建改建了一批焦炉，并且引进了苏联的先进技术，从此，中国的焦化工业开始逐渐发展。

前期我国自主设计的焦炉主要为JN型系列焦炉，由我国中冶鞍山焦化耐火材料设计研究总院有限公司设计，包括JN43型、JN55型、JN60型等，这里的数字指的是炭化室高度，顾名思义，炭化室就是装煤然后炼成焦炭的地方，因此，JN43型焦炉就是JN系列炭化室高度为4.3米的焦炉，以此类推。

1955年8月，北京石景山钢铁厂（首钢前身）一焦炉工作场面

1959年2月，辽宁省鞍山市，鞍钢化工总厂炼焦工人在炼焦

我国第一座具有完全自主知识产权的炭化室高6.98米的JNX70-2型焦炉

🔥 知识链接

焦炉发展史

起初采用成堆干馏方式，后来发展为土法焦炉。

19世纪，倒焰炉发展成型。

1881年德国建成第一座副产焦炉，对化学产品进行回收，并且出现了炼焦炉组实现连续稳定生产，称为废热式焦炉。后来，带有热量回收的焦炉出现，并分为换热式焦炉和蓄热式焦炉。

20世纪90年代，以德国为主的8个国家13个公司组成欧洲炼焦技术中心，在德国普罗斯佩尔焦化厂进行了巨型炼焦反应器（jumbo coking reactor，JCR）的示范性实验，也叫单室炼焦系统（single chamber system，SCS）。

目前，焦炉仍以蓄热式焦炉为主，并且对节能减排提出了更高要求。

随着我国工业技术的进步以及钢铁生产需求，焦炉的炭化室高度也越来越高，顶装焦炉炭化室高度从6米一直发展到全国最大、世界技术先进的7.65米，捣固焦炉炭化室也从5.56米、6.25米发展到中国制造、世界最大的6.78米，并且技术还将继续进步。

"横冲直撞"和"飞流直下"

冰箱和冰柜是大家日常生活中常用的家用电器，人们在使用冰箱时拉开箱门放入物品即可，而冰柜则需要横向推开或向上打开将物品放入，二者都能起到冷冻保鲜的作用，只是使用场景略有不同。同样，现代焦炉按照装煤方式的不同，分为捣固焦炉和顶装焦炉，其实和冰箱、冰柜的使用方式很类似。

冰箱和冰柜

"横冲直撞"的捣固焦炉

为何说捣固焦炉的装煤方式是"横冲直撞"呢？这是因为在炼焦前，用捣鼓设备将配好的炼焦煤制作成一个巨大的煤饼，煤饼的尺寸略小于炭化室，然后将煤饼从焦炉侧面推入炭化室（"横冲"），关闭炉门后，经过隔绝空气和高温加热一段时间后，焦炭就"成熟"了，再由推焦杆推动成熟的焦炭从另一侧出去（"直撞"）。

捣固焦炉

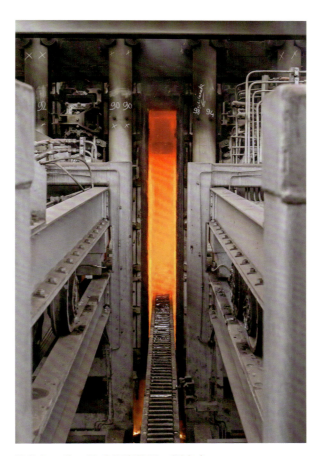

推焦杆工作，推动焦炭从另一侧出来

侧面入炉和推入煤饼以及推出焦炭的操作方式，这样"横冲直撞"的工业场景可能大家很难见到，但是用冰箱冻冰块大家都干过。将水放在容器中，拉开冰箱门将容器推进冷冻室，这就相当于"侧面入炉"和"推入煤饼"，一段时间冰块成型后取出，也和焦炭成熟后推焦过程类似。这样看来，宏伟壮观的工业设备和日常生活中的方方面面都有相似的地方，毕竟，生活处处有科学。

"飞流直下"的顶装焦炉

"飞流直下三千尺，疑是银河落九天"，倾泻而下的瀑布相信大家都在影视中见过，其实，顶装焦炉的装煤方式也是一样。和捣固焦炉的侧面进入不同，顾名思义，"顶装"的意思就是将煤从顶部装入炭化室，只不过不再是煤饼，而是煤粉。

顶装焦炉

顶装焦炉的顶部开有装煤孔，在顶部轨道上运行的装煤车装满煤粉后，到达指定的装煤孔后，就像大坝泄洪一样，煤粉"飞流直下，一泻千里"，进入炭化室堆积，然后进行炼焦。如同冰柜需要放置物品一样，需要从上面打开柜门放入。但是，顶装焦炉的焦炭成熟以后，焦炭的取出过程可不是自下而上了，而是和捣固焦炉一样，都是从侧面推出焦炭。不论是捣固焦炉还是顶装焦炉，炭化室一前一后都有两个炉门，"南北通透"，捣固焦炉装煤的时候一侧打开，将煤饼推入，焦炭成熟后同时打开两侧炉门，从装煤一侧向另一侧炉门方向将焦炭推出，而顶装焦炉装煤时则是打开顶部装煤孔，两侧炉门关闭，焦炭成熟后的出焦操作就和捣固焦炉一样了。

焦罐里炽热的焦炭

"特立独行"的热回收焦炉

在众多焦炉炉型中，有这么一个"特立独行"的焦炉，叫作热回收焦炉。人们不禁要问，蓄热式焦炉不也是实现了对热量的回收利用吗？为什么这个炉型被称为热回收焦炉呢？

其实，所谓的热回收焦炉，是指炼焦过程中产生的荒煤气进行燃烧，其中的热量一部分用于自身干馏，另一部分用于回收发电。很显然，热回收焦炉没有其他副产品，主要是生产焦炭。热回收焦炉的工艺简单，没有大量的化学产品回收系统，也基本上没有焦化污水的排放等"三废"的产生。

但是，为什么人们要"浪费"掉含有大量宝贵的炼焦化学产品的荒煤气，而让其直接燃烧回收热量呢？这就不得不提热回收焦炉的产品了。热回收焦炉主要生产铸造焦，用于各种铸件的生产，铸造领域内其他焦炉生产的焦炭无法媲美热回收焦炉生产的铸造焦，再加上炼焦过程中可以配入相当比例无烟煤且生产出质量合格的焦炭，而其他焦炉的无烟煤配入量少，主焦煤成本高，更是让热回收焦炉成为焦炉家族中特殊的一员。此外，热量供应能够"自给自足"，还有"余力"去发电，这也处处彰显了热回收焦炉的"特立独行"。

热回收焦炉

对于焦化来讲，当前所用焦炉主要为蓄热式焦炉，顶装焦炉和捣固焦炉，并且朝大型化、高效化和扩大炼焦煤来源等方向发展，提高了对环保的要求，配备了除尘、废水处理等各种设施。随着技术的进步，化学产品回收和煤焦油加工方面有了更多更成熟且产量更高的技术选择，得到的化学产品越来越精细，焦炉煤气的应用领域也越来越广泛。

目前，焦化作为一个很成熟的产业，仍然在为人们做出贡献，从钢铁冶金到化工原料，从工业生产到衣食住行，我们可以相信，有了更多科研基础和技术成果的应用，焦化必将如虎添翼，继续发挥不可或缺的重要作用！

第四章

煤炭气化

白色发亮的化肥、疫苗接种的针管、食品包装的薄膜、洁净的氢燃料电池汽车、烧水做饭的燃气等居然都与黑乎乎的煤炭有关？是的，在科技魔法的作用下，这些已然成为现实。这些科技魔法中，煤炭气化是第一关。

扫码观看视频

气化做「龙头」，产品千万种，

为什么煤炭气化会有"龙头"的殊荣呢？是因为我们日常生产、生活中的很多产品，都是以煤气化技术得到的合成气（一氧化碳、氢气等）为原料，然后经过一步步的转变而来。

煤炭气化，氢燃料汽车的"加油站"

如今，新能源汽车发展很迅速，这当中除了锂电池汽车，另一个重要的角色便是氢燃料汽车。氢燃料汽车具有高效、环保等特点，使用过程中排放物主要为水，可实现零排放、零污染。

氢燃料汽车

说起氢燃料汽车的动力来源，或许和你想象中的工作方式不太一样，它不是氢气与氧气直接接触燃烧，不会有燃烧火苗的出现。它是氢气与氧气通过电化学反应源源不断地形成电流而为汽车提供动力来源。

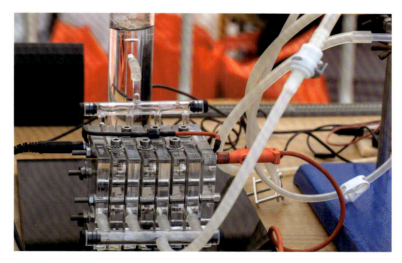

氢燃料电池装置

燃料中的氧气来源于空气，而氢气在空气中含量极低，这就需要我们从其他途径来获得氢源。

氢气的来源除了水电解法、天然气制氢、工业副产氢，煤炭气化制氢也是其重要的来源，它是以煤炭为原料，通过气化技术得到含氢的合成气，然后净化提纯便可得到供氢燃料汽车用的氢气。煤制氢是我国的主流制氢技术，不同于国际上大比例的天然气制氢，这符合我国煤炭资源相对丰富的禀赋。

煤制天然气，助推煤改气

天然气是自然界中存在的一种可燃气体，是三大化石燃料之一。它的主要成分为甲烷，被广泛用作燃料，同时，也可被用作生产化学产品的原料。

燃气灶上的天然气

　　煤炭直接燃烧用来烧水做饭，不仅污染严重，碳排放量高，而且运输成本也较高。改用天然气，在燃烧过程中可有效减少二氧化硫、粉尘的排放量，同时它产生的二氧化碳相比于其他化石燃料较少，有利于改善环境质量。

　　煤炭气化生产天然气，可得到优质、清洁的气体燃料，可在一定程度上缓解当前我国天然气供应不足的状况。煤气化制天然气有不同的工艺流程，但主要工序包括：气化、变换、净化、甲烷化。其中变换是改变合成气中一氧化碳和氢气的比例，然后在催化剂（也称触媒，用来促进原子间的成功"牵手"）的作用下经甲烷化而得到甲烷。

煤制化肥，庄稼乐开花

　　一日三餐，人们每天的营养离不开吃饭。粮食作物和人一样，它们的生长也要吸收不同的营养。这些营养成分包括氮、磷、钾、钙、镁、硫等元素。其中氮、磷、硫可以构成植物细胞里的蛋白质，同时对细胞的增长和分裂起着重要作用。而钾、钙、镁对植物体内养分的合成、转化及运输发挥着重要作用。这些元素可以靠土壤为植物提供，但氮、磷、钾三种元素在土壤中含量有限，无法满足植物充分发育、生长的需求，所以需要人们施肥来向植物提供这些营养元素。

向地里施农家肥

在我国历史上，对农田进行施肥可追溯至殷商时期。动物粪尿、草木灰等很早以前就用来作为庄稼地的肥料。

但随着人口的增长，人们所需要的粮食越来越多，庄稼种植量也随之增加，传统的肥料已无法满足需求。那我们应该怎么办呢？就地取材有限，就通过技术将肥料"变"出来吧。这"变"的过程就是用化工合成的方法来制造含氮、磷、钾等土壤养分的产品，这种产品便是化肥（氮肥、磷肥、钾肥等）。化肥的出现改写了粮食生产历史，粮食产量大幅提升。据联合国粮食及农业组织统计，化肥对粮食生产的贡献率占40%。其中氮肥主要为植物提供氮元素，也是目前产量最大、应用最广的化肥。

当我们说起氮肥，不得不提一种物质，那就是氨（NH_3），你可别小瞧它，它可是煤炭与氮肥连接的重要纽带与桥梁。同时，在氮肥的生产过程中，根据反应物质的不同可以生成不同的氮肥（碳酸氢铵、硫酸铵、氯化铵、尿素），但无论何种氮肥，氨都是它们必须的原料。

将氨进行放大观察，你会发现氨是由三个氢原子和一个氮原子构成的化合物。想要合成氨，得先从原料入手，氢原子和氮原子是必不可少的。因为氮气在空气中的占比很高，达78%，所以从空气中取得氮原子便是最佳途径。而对于氨中的氢原子，那就需要我们提起煤炭气化这一"龙头"技术了，在煤炭气化过程中，会有大量的氢气产生，这些氢气正好可以为氨提供氢原子。

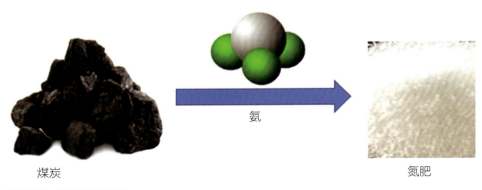

煤炭　　　　　　　氨　　　　　　　氮肥

煤炭经合成氨得到氮肥

氢原子和氮原子都有了，但要把它们变成氨也是一件不容易的事。科学家经历了100多年的探索与攻关，终于在1909年，德国化学家弗里茨·哈伯成功合成了产率为8%的氨。这其中的难点就在于找到合适的温度、合适的压力及合适的催化剂。

德国化学家弗里茨·哈伯，诺贝尔化学奖获得者

现在，偷偷告诉你一个秘密，目前工业上合成氨的一般条件是温度在400～500摄氏度，压力在10～30兆帕，催化剂是以铁为活性成分的催化剂。

💧 知识延伸

液氨——一种广泛使用的制冷剂

氨不仅可以制造氮肥，其另一个广泛用途是作制冷剂。1873年，氨被首次用作制冷剂，它具有良好的热力学性能和较高的制冷效率。这主要是因为氨由液态变为气态时会吸收大量的热量，从而使周围的温度急剧下降，同时气态的氨在一定温度或压力下极易液化。2022年北京冬奥会国家雪车雪橇中心所用的制冷系统便是氨制冷系统。

煤制烯烃，塑料进万家

说起烯烃，你或许知之甚少，但你一定记得扎针时的针管、食物包装时的塑料薄膜。它们都是通过烯烃"变"过来的。在烯烃大家族里，最重要的两兄弟是乙烯和丙烯，这两兄弟的来历，那可又和煤炭气化有关了。话不多说，现在就让我们去认识一下这两兄弟吧。

乙烯、丙烯"性格"各异，各有"作为"。乙烯含有两个碳原子，丙烯个头稍大，含有三个碳原子。因在它们身体里都含有不饱和双键，所以均属于烯烃。

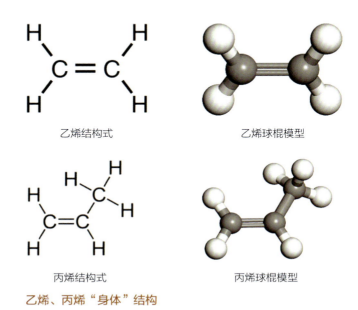

乙烯结构式　　　　　　　　乙烯球棍模型

丙烯结构式　　　　　　　　丙烯球棍模型

乙烯、丙烯"身体"结构

先说乙烯的"性格"，它是一种无色易燃气体，略带有臭味，密度比空气略小，难溶于水，微溶于乙醇、酮和苯，易溶于四氯化碳、醚等有机溶剂。同时乙烯还具有较强的麻醉作用，如果不小心吸入高浓度乙烯则会意识丧失。而作为兄弟的丙烯，也是一种无色易燃的气体，它没有乙烯的臭味而且略具甜味，不溶于水，溶于有机溶剂，与乙烯相比，丙烯的麻醉性较弱，属低毒类化学品。

乙烯、丙烯造就塑料王国

乙烯"个头"虽小，但它却是世界上产量最大的化学品之一，很多产品都是以乙烯为原料，因此它被称为"石化工业之母"，乙烯的产量则可以用来衡量一个国家石油化工的发展水平。乙烯可以生产聚乙烯、环氧乙烷、乙丙橡胶、聚氯乙烯等一系列产品，其中，聚乙烯对乙烯的消耗量最大。为什么偏偏是聚乙烯？这要从聚乙烯独特的性质说起，聚乙烯具有化学稳定性好，能耐大多数酸碱的腐蚀，耐低温性能和电绝缘性能优良，因此生产生活中的工程塑料、管材、电线、食品袋、保鲜膜、收纳箱等均可由聚乙烯材料加工而成。

聚乙烯在生产生活中的应用

　　乙烯兄弟这么有才，丙烯也不甘示弱。丙烯是仅次于乙烯的重要有机化工原料。以丙烯为原料可以生产聚丙烯，聚丙烯占丙烯消耗量的最大比例，此外丙烯还可以制丙烯腈、丙烯醛、环氧丙烷、异丙苯、乙丙橡胶、十二烯、异戊二烯等。聚丙烯属于热塑性树脂，是五大通用树脂之一，具有无味、无毒、易加工、抗冲击性能优异、抗挠曲性以及电绝缘性好等优点，在汽车工业、家用电器、电子、包装及建材家具等方面具有广泛的应用。

聚丙烯日常应用

前世今生知烯烃

乙烯、丙烯用途如此广泛，它们是如何得到的呢？传统的工艺是石油经过裂解而得到烯烃。而现在正兴起的则是以煤为原料制烯烃，发展非石油资源来制取低碳烯烃符合我国"富煤、缺油、少气"的能源结构。

煤制烯烃，根据"魔法"的不同，分为合成气间接制烯烃和合成气直接制烯烃，其基本原料均与煤气化得到的合成气有关，不用惊讶，"龙头"气化技术在此又发挥作用了。

合成气间接制烯烃的"魔法"步骤是：首先由煤炭气化得到合成气，然后合成气反应得到甲醇，甲醇进一步反应制得乙烯、丙烯等烯烃。这其中包含五大"施法"动作，分别为：煤气化、合成气净化、甲醇合成、甲醇制烯烃、烯烃回收。在这些动作中，甲醇制烯烃是最为关键的动作，其主要受到催化剂的影响，所以，要把煤变成烯烃，关键是对甲醇制烯烃过程中催化剂的开发，催化剂需具有高活性、高寿命、高低碳选择性、易再生和价格便宜的特点。中国现在每年生产约900万吨的煤制烯烃，占全国烯烃（不含进口）消费量的20%左右。

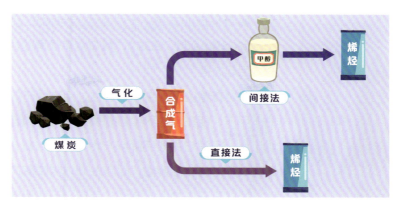

煤制烯烃

合成气直接制烯烃即合成气一步法制烯烃技术（syngas to olefins，STO），"魔法"步骤是合成气（一氧化碳、氢气）在反应温度280～350摄氏度和催化剂作用下直接生成低碳烯烃。此"魔法"与合成气间接制烯烃相比，具有工艺路线短、能耗和投资低的特点，目前该"魔法"基本上处于实验室研究和起步阶段，还未实现大规模工业化应用。

"后起之秀" ——可降解塑料

塑料在给我们生活带来巨大便利时，也给我们的环境带来了严重污染。你一定还记得有新闻报道塑料垃圾出现在了南极洲、出现在了世界最深的海沟、出现在了海洋生物的肚子里。这是为什么？因为塑料垃圾较难降解，它们可在自然界中停留数百年甚至千年之久。

难降解的塑料垃圾危害生态安全

煤制乙二醇，主要有以下三种生产方法。

直接法：煤炭气化得到合成气，再由合成气一步直接合成乙二醇，该方法技术难度大，目前还未实现工业化。

烯烃法：煤炭气化得到合成气，合成气再生产甲醇，甲醇再制得乙烯，乙烯再经氧化生产环氧乙烷，环氧乙烷水合最终得到乙二醇，该方法技术成熟，但工艺流程长，成本相对较高。

草酸酯法：煤炭气化得到合成气，合成气发生气相反应合成草酸二甲酯，草酸二甲酯再加氢进而得到乙二醇。该方法工艺流程短、成本低，是国内关注度最高的煤制乙二醇技术。

煤炭气化，开启高端化学品

我国是润滑油生产和消费大国，润滑油每年的表观消费量达千万吨，然而高档润滑油却主要依靠进口。近年来，随着我国煤化工技术的发展，开发出了以国产费-托合成蜡为原料加氢异构生产高档润滑油基础油技术，这有望填补国内高档润滑油市场缺口，实现产品自给自足。

加注润滑油

爱美之心人皆有之，因此生活中少不了化妆品的使用，蜡是生产化妆品的重要添加物质，蜡的加入，能使口红、唇膏、睫毛膏、发蜡等增加光滑度，并大大提高其光泽性。因为这些化妆品直接与人接触，所以添加所用的蜡要具有良好的稳定性、无异味、无致癌性等特性，而费–托合成蜡基于其良好性能刚好可满足添加蜡的特性要求。

化妆品中含有费–托合成蜡

当你走进超市，你会看到新鲜、亮丽的瓜果蔬菜，你是否想过为什么这些蔬菜水果经过长途跋涉的运输还能保持新鲜？这其中的秘诀可能在于它们表面涂了费–托合成蜡。费–托合成蜡经改性后具有易洗去、无异味、对人体无害等特点，可以在农产品表面堵塞表皮气孔，减少水分及养分损失，同时还能起到防虫作用。

新鲜亮丽的果蔬

　　细心的你一定会发现，这些产品中用到了一个共同的化学品——费–托合成蜡。黑色的煤是如何变成高端的费–托合成蜡的呢？其合成技术是以煤炭气化合成气中的一氧化碳和氢气为原料，然后在反应器中经费–托合成催化反应，最终得到费–托合成蜡。费–托合成蜡与石蜡相比，硫、氮等杂原子的含量更低，可达到食品级、医药级要求。

煤炭气化，助力车用清洁燃料

　　要想让路上一辆辆的汽车行驶，除了让它们"喝"油、"吃"电，甲醇、二甲醚等清洁燃料也会成为它们的"开胃菜"。

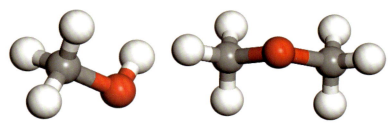

甲醇（左）和二甲醚（右）

　　甲醇是重要的基础化工原料，具有十分广泛的工业应用。同时，它也可以用作车用燃料，将甲醇掺混到汽油中是最早的开发手段，随着技术的发展，甲醇也可以直接作为燃料使用。因为甲醇具有良好的燃料性能、无烟、辛烷值高、抗爆性能好，是发动机燃油良好的替代燃料。

　　甲醇的制备，离不开煤炭气化，目前工业上几乎都采用一氧化碳、二氧化碳在催化剂的作用下与氢气反应生成甲醇，其中所用到的气体便来自煤炭气化。

　　另一车用清洁燃料——二甲醚，它的燃烧性能比普通柴油好，可直接压燃，而且燃烧过程中可实现低氮氧化物、无硫和无烟排放，是柴油理想的替代燃料。

"喝"二甲醚的汽车

二甲醚的生产工艺有两种：一种是由合成气先得到甲醇，再由甲醇脱水制得二甲醚，即通常所说的二步法，另一种是由合成气直接合成二甲醚，又称为一步法。

其中二步法甲醚生产工艺已经十分成熟，广泛应用于工业生产，但是该方法流程较长、设备多、投资和操作费用高。而一步法却可以克服二步法的缺点，以合成气（一氧化碳、氢气）为原料，在反应器内同时完成甲醇合成反应和甲醇脱水反应得到二甲醚，但一步法技术还不太成熟。

"煤变气"的秘密

合成气应用如此广泛，作用如此重要，那么"煤变气"的秘密到底是什么呢？

据记载，煤气化技术的最早发明者是苏格兰人威廉·默多克，他在1792年采用铁甑干馏烟煤获得了一种能燃烧发光的气体，这种气体就是我们常说的煤气。到了1857年，德国西门子公司建立了工业化的煤气发生炉，这可不是一件平常的事，因为它代表着现代煤气化的第一次重大突破。随着气化技术的不断发展，至今，世界上形成了固定床气化技术、流化床气化技术及气流床气化技术三种技术。技术虽然存在差别，但它们有一个共同特征，这便是"煤变气"的秘密：煤在气化炉内，在高温条件下与气化剂（水蒸气、空气、氧气或它们的混合气）反应，使固体煤转化成气体产物（主要成分为一氧化碳和氢气），同时排出含灰的残渣。

如果细心观察，你会发现在这三种气化技术中藏有更多的"煤变气"秘密，下面就让我们一一揭开其神秘面纱。

煤不动气动的固定床气化

固定床气化也称移动床气化，此时你脑子里是不是有一个大大的问号，到底是固定还是移动呢？其实，固定与移动是相对的，在于你以什么物体为参照物。在气化过程中煤由气化炉的顶部加入，气化剂由气化炉的底部加入，煤料与气化剂逆流接触，相对于气体上升的速度而言，煤料下降的速度很慢，甚至可视为固定不动，因此称为固定床气化。而实际上煤料相对于其他静止物体（如地面）是缓慢向下移动的，所以又称为移动床气化。

固定床气化起步最早，它所"吃"进的煤料为受热时没有黏结性的块煤，以防"堵料"。煤的粒度一般为6～13毫米、13～25毫米、25～50毫米或50～100毫米，粒级范围根据煤种的不同而有所差异，同时煤料在炉内的停留时间为1～10小时不等，对于气化生产来说，这可是一段长时间的"旅行"。

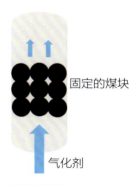

固定的煤块

气化剂

固定床气化

煤浮气动的流化床气化

20世纪20年代，德国人温克勒首次发现了流态化现象，并将其应用于煤气化技术的开发，流化床煤气化技术开创了流态化技术工业应用的先河，具有里程碑意义，这也是煤气化技术发展的第二次重大突破。

对于流化床气化，向上移动的气流会使煤料在炉内呈沸腾状态，因此又称沸腾床气化。气化过程中，采用粒度0～10毫米的小颗粒煤作为气化原料。煤粒在此种沸腾状态下进行气化反应，会使煤料层内温度均匀，对流传热效率高，且煤粒在炉内的停留时间以分钟计。与固定床相比，流化床气化技术单炉生产能力较高，而且可以使用小颗粒煤。

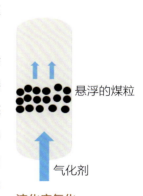

悬浮的煤粒

气化剂

流化床气化

煤炭地下气化

　　煤炭地下气化指的是将气化剂通到储存在地下的煤层，通过燃烧反应直接将煤层的煤转化为煤气。该技术将常规的物理采煤变成了化学采煤，在地下将常规方法不易开采和丢弃的煤炭进行气化。但受限于地下环境的复杂性、地下气化过程的难以控制，目前该技术还达不到商业化应用。

煤气同动的气流床气化

　　20世纪30年代，德国克柏斯公司和美国德士古公司开始进行气流床煤气化技术的研究。1952年，气流床气化炉成功实现了工业化，代表着煤气化技术发展史上的又一次重大突破。

气化剂　煤粉

液态灰渣

气流床气化

　　说起气流床气化，这可是一个"雷厉风行"的角色。气流床气化将颗粒很小的煤粉与气化剂一起喷入气化炉内，气化剂拉着煤粒的手一起向前跑，是一种并流气化。煤既可以制成微米级（小于100微米）的干粉，用氮气或二氧化碳载气输送至气化炉内，也可以将煤粉先制成水煤浆，然后用泵将其打入气化炉内。煤粉在炉内停留的时间以秒计，停留时间相当短，同时灰渣以液态形式不断排出气化炉。

　　因为气流床气化具有众多优点，如今它可谓"春风得意"，拥有最广泛的应用，其中有些项目还创造了纪录，如2019年10月，单炉日投煤量4000吨级的多喷嘴对置式水煤浆气流床气化装置在内蒙古荣信化工有限公司建成投运，配套生产甲醇和乙二醇，是迄今为止世界上单炉处理规模最大的煤气化装置。

气流床气化装置

🔥 知识延伸

气化技术，实现废弃物资源化利用

　　生产生活中，有时难以避免有机固废或废液的产生，如印染废物、工业残渣、医疗废物，这些废弃物通常具有易挥发、毒性大、环境影响持久等特点，传统的填埋、堆肥、焚烧等处理方式存在二次污染、占据空间、能耗大等缺点。通过将这些废弃物直接制成气化炉入炉炉料或与煤炭混配入炉，应用气化技术将其气化，可以有效解决环境污染问题，同时产生的合成气可发电、制化学品、生产燃气等，实现了废弃物的无害化、资源化利用，创造了经济效益。

回顾历史，立足现在，展望未来，在"煤变气"的发展中，气化炉炉型经历了由固定床到流化床，流化床再到气流床的路径。炉子"吃"进去的煤料，煤粒直径从厘米级到毫米级，再到微米级，停留时间经历了小时级到分钟级，分钟级再到秒级的发展。炉子内的气化反应温度从中温到高温，操作压力从常压变成高压。煤种适应性也在不断改善，气化煤种从早期的焦炭、无烟煤逐渐扩展到了烟煤、褐煤等。气化技术整体向大处理量、高温、高压发展。让我们一起期待作为"龙头"的煤炭气化，在未来能够继续"龙腾虎跃"，共"化""煤"好未来!

第五章

煤炭液化

我国煤制油技术实现了从实验室走上工业化的创新发展历程，先后经历了实验室研究、工程化开发、工业化示范、商业化验证、产业化应用等各具时代特征的历史发展阶段，取得了举世瞩目的辉煌成就，在国民经济高速、健康、可持续发展中发挥着不可小视的作用，为我国能源战略安全做出了重大贡献。

从『煤』到『油』的华丽转变

使用柴油的卡车

你能想象到乌黑坚硬的煤炭能转化为如矿泉水般清澈的柴油吗？你能想象到汽车、坦克、飞机、航天与煤有关吗？如今，我国通过煤制油技术的创新开发，令这个看似天方夜谭的想象成为现实。

立足国家能源战略安全，把能源命脉攥在自己手里

为什么说煤制油是立足于国家能源战略安全呢？因为我国"富煤、缺油、少气"的资源禀赋状况，导致石油大量依赖进口。

我国原油大量依赖进口

　　根据国家发改委和海关总署数据，2020年我国进口原油5.42亿吨，对外依存度达到73.6%；2021年我国进口原油5.13亿吨，对外依存度达到72.05%；2022年我国进口原油5.08亿吨，对外依存度达到71.2%。如此大量依赖能源进口，必然会影响能源安全，例如一旦发生战争就容易被切断能源供应，国家能源安全受到严重威胁。煤制油技术可以把煤变成清洁的汽油、柴油、航空煤油等油品，作为石油供应的有效补充。我国已经掌握了这一神奇的技术。

运输油料的罐车

"高热值"煤油助推飞机上天

我们购买的机票费用中会有一项"燃油附加费",飞机用的燃料到底是什么油呢?答案是航空燃料,而航空燃料主要为航空煤油。航空煤油被称为飞机的"血液",其品质好坏直接影响飞机的使用性能及安全。

为什么航空会与煤产生联系呢?

一般而言,小型轿车使用汽油,重型卡车使用柴油,是因为用汽油的汽车发动机是点燃式的,用柴油的卡车发动机是压燃式的。而飞机采用的是涡轮喷气式发动机,能量的转换过程是在高空飞行条件下实现的,所以对燃料的质量要求非常严格,以保证安全可靠。

而航空煤油能完美满足这种"苛刻"的要求,主要得益于以下两点。

一是煤制航空煤油的"高热值"和低温性能。煤制航空煤油比石油制航空煤油拥有更高的体积热值,可以做到连续、平稳、迅速和完全燃烧,煤制航空煤油耐低温性能好,保证发动机在严寒中能够迅速启动,即使发动机在空中熄火也能迅速重新点燃,从而确保了航空的安全性。

不同类型发动机对燃料要求不同

二是航空煤油的"高着火点"。汽油的着火点低,若空气中存在适当浓度的汽油蒸气,只要存在静电电火花等极小的点火源,就能引起着火。与之相比,航空煤油的点火温度要高得多,万一燃料洒落在飞机跑道上，只要路面温度比着火点低，即使存在点火源，也不会起火。

飞行中的客机

"航天煤油"助力火箭升空

液氧煤基航天煤油的火箭发动机整机热试车成功

中国自己的火箭又多了一种"食粮"：2015年4月12日在中国西北部某试验区进行了液氧煤基航天煤油火箭发动机整机热试车，试验取得了圆满成功。

这是世界首次将煤制油应用于航天领域，标志着我国煤基航天煤油研究取得重要突破性成果，我国极为稀缺的航天燃料由此增添了一个战略性供给选项。

航天煤油火箭将卫星送上太空

在我国石油对外依存度高但煤炭资源相对丰富的条件下，发展以煤炭为原料的煤基燃料，是补充石油基燃料缺口、保障航天燃料供给的绝佳途径。

"低凝点"柴油助力坦克作战

坦克一般使用柴油作为燃料，一方面是因为单位体积的柴油相较于汽油热值更高，另一方面是坦克的发动机为压燃式发动机，直接靠高温高压让柴油喷射成雾状自燃。

相较于普通柴油，煤制柴油凝点低、环境适应能力强，因此能满足北方边境高海拔、高寒、极地等地区的使用要求。

但是军用低凝点柴油一直以来都是我国的稀缺油品。这是因为低凝点柴油生产来源单一，以石油为原料生产出的柴油对原料、调和组分和加工工艺有着严格的要求，一般还需要额外加入一定量的添加剂，才能降低柴油的凝点，加工难度大，生产成本高，而且产量低，不能满足我国国防事业的发展需要。

与之相比，无须特殊加工处理，正常条件下生产的煤直接液化柴油即可满足指标，低温流动性能优势明显，在极端天气地区仍具有良好的应用性能。

🔥 知识延伸

油品的凝点

凝点的定义为：在规定条件下，试油遇冷开始凝固而失去流动性的最高温度，以摄氏度表示。

凝点是划分柴油牌号的依据：国家标准将普通柴油划分为5号、0号、−10号、−20号、−35号、−50号六个牌号。以0号柴油举例，其凝点不高于0℃。

凝点还可以预测柴油低温流动性：凝点低于环境5～7摄氏度以上的柴油，才能保证顺利抽注、运输、储存和使用。

"煤变汽柴油"用于寻常百姓家

2012年6月7日，神华集团有限责任公司（现国家能源投资集团有限责任公司）首个自有加油站正式对外营业，它是国内首个煤制成品油加油站。该加油站位于我国首个煤制油项目所在地——内蒙古自治区鄂尔多斯市伊金霍洛旗马家塔。

尽管这座加油站从外观上看起来和其他加油站没什么区别，但是从产品来源上看，它却和其他加油站迥然不同——它销售的成品油是通过煤得来的！

全国首个煤制油加油站顺利运营

看起来黑乎乎的煤炭是如何变成清澈的油品的呢？小秘密就藏在下文中。

给汽车加油

煤制油指的是把固体状态的煤炭通过一系列化学加工过程，使其转化成液态燃料产品的洁净煤技术。根据化学加工过程的不同工艺路线，煤制油可分为煤直接液化和煤间接液化。

煤"直接"变油

煤直接变油（煤直接液化）是以煤为原料，在高温、高压、催化剂的作用下与溶剂和氢气发生反应生成液化粗油，液化粗油再进行加氢提质和加工，最后转化成清洁液体燃料油品的一系列工艺过程，如下图所示。

煤直接液化的目标产物：液体燃料油

煤炭直接液化油品的优势

煤直接液化油品与常规石油基燃料相比，具有"一大、三高、四低"的特点，即大比重、高热值、高热容、高热安定性、低凝点、低硫、低氮、低芳烃。这些区别于石油基燃料的优异品质，决定了其具有生产军用及航天领域特种燃料的潜质，对我国能源安全和高端用油具有重要的意义。

提到我国煤炭直接液化技术的研发历史，就不得不提起我国
煤直接液化研发团队，其中的代表人物为煤炭科学技术研究院有
限公司（中国最早开展煤直接液化研究的机构，以下简称煤科
院）的史士东研究员，下面我们就以他为主线，看看我国煤直接
液化的研发历史。

史士东，1982年毕业于清华大学化工系，获硕士学位，同年
调入煤科院。当时，针对世界石油供应形势，为了适应国内经济
发展的需要，我国决定开展煤炭直接液化技术的研究开发，建立
煤直接液化实验室。

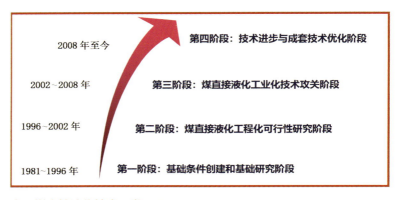

中国煤直接液化技术研发历程

20世纪80年代，在史士东的带领下，煤科院煤直接液化团队
先后从日本、德国、美国引进三套煤直接液化连续装置，对我国
几乎全部适合煤液化煤种进行了筛选试验，从云南、陕西、黑龙
江等地优选出14种适宜的液化煤种，开发出了立足于我国资源特
性的直接液化催化剂，并形成了中国煤直接液化工艺的雏形。

引进的国外液化装置

🔥 **知识延伸**

煤直接液化催化剂

　　神华煤直接液化（世界上首套年产能百万吨级产品的煤直接液化工业化示范项目）工艺采用的专用催化剂，是煤科院和神华集团共同承担的国家高技术研究发展计划（863计划）的一项课题成果，由它和煤液化工艺等构成的煤直接液化技术被授予国家科学技术进步奖一等奖。

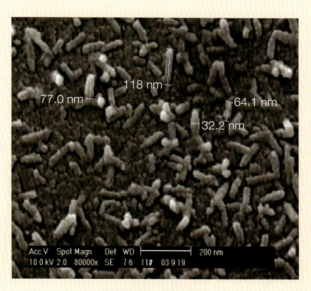

微观视角下的催化剂

2002～2008年，国家筹备建设煤直接液化工厂，为了配合神华煤直接液化工业化示范工程的设计和建设，煤科院和神华集团进行了大量理论研究和技术开发工作。煤科院与神华集团合作开发了煤直接液化高效催化剂，改进了原计划引进的美国液化工艺，开发了中国煤液化新工艺，催化剂和工艺都成功应用到世界首套百万吨级煤直接液化示范工程中。

产油能力108万t/a的煤直接液化工业化示范项目

2008年12月31日，百万吨级煤直接液化工业化示范工程打通了全流程，生产出合格的石脑油和柴油等目标产品。百万吨级煤直接液化工业化示范项目的试车成功，标志着中国煤直接液化制油技术实现了里程碑式的跨越，也使中国成为世界上首个掌握百万吨级煤直接液化关键工程技术的国家。

煤炭"间接"变油

所谓煤炭间接变油（煤间接液化），就是先把煤变成合成气，再将气体合成油品的工艺。在煤间接液化过程中，又是什么魔法使煤发生了神奇的变化呢？

具体的变化过程是这样的：煤首先在高温条件下与氧气和水蒸气发生化学反应，打破煤的大分子结构，转化为由简单分子CO和H_2组成的合成气；然后，以合成气为原料在催化剂的作用下合成液体燃料或化学产品。

炼油工业装置

119

这一反应过程为费-托合成，获得的液体产品分子量分布很宽，即沸点分布很宽，并且含有较多的烯烃，必须对其精炼才能得到合格的汽油、柴油产品。精炼过程采用炼油工业常见的蒸馏、加氢、重整等工艺。

煤间接液化油品的优势

煤间接液化得到的油品和煤直接液化得到的油品一样，都是非常清洁的油品，但是也存在一些差别。

首先，煤间接液化油品最典型的特征为十六烷值（柴油质量指标）含量非常高，可以达到70左右，这意味着它具有良好的燃烧性能。

其次，得益于间接液化独特的反应过程，人们平日闻之色变的污染元素硫、氮都已在这个过程中被去除。这也意味着在使用过程中，间接液化油品产生的污染更少，更环保。

最后，煤间接液化得到的油品，还能副产诸多化学品（如润滑油、烯烃、蜡、含氧化学品等），产品类型更加丰富。

润滑油

🔥 知识延伸

十六烷值

　　十六烷值是衡量柴油在压燃式发动机中发火性能的重要指标。十六烷值高，表明柴油的发火性能好、滞燃期短、燃烧均匀、发动机发动平稳。十六烷值低，则表明燃烧发火困难、滞燃期长、发动机工作状态粗暴。但十六烷值过高，也将会由于局部不完全燃烧，而产生少量黑色排烟。

艰难追逐"人造石油"梦，百年梦终成现实

　　一切从"零"开始，与直接液化同样，关键核心技术长期被国外垄断，煤间接液化技术最初的发展并不顺利。为此，我国集中优势资源，从组织领导、人力资源、技术支持、资金保障、物资供应、后勤服务等各方面，全力保障煤制油项目实验室研究、创新工程重大项目建设和生产试车工作。

一切从"零"开始

121

"煤好未来，油我创造"：通过创新研究和协同攻关，我国科研人员不断攻克大型煤间接液化"卡脖子"的关键核心技术。2008年，适用于高温浆态床费-托合成的铁基催化剂研制成功，实现工业生产，中试装置上2000多小时的连续稳定运转，标志着新一代高温浆态床煤制油的成套工艺技术形成。

"人造石油梦"终成现实

"厚积薄发"，我国的"人造石油梦"终成现实：2009年我国先后建成了3个煤间接液化项目，分别为神华鄂尔多斯煤间接液化项目、山西潞安煤间接液化项目和内蒙古伊泰鄂尔多斯煤间接液化项目。自此之后，煤间接液化建成项目数"芝麻开花节节高"，并于2016年建成全球单体规模最大的、年产量400万吨的煤间接液化项目。

到2021年底，全国已建成投运煤制油项目9项，总产能为

951万吨每年。其中，煤直接液化项目1个，产能为108万吨每年；煤间接液化项目7个，总产能为798万吨每年；煤油共炼项目1个，产能为45万吨每年。

宁东能源化工基地内的国能神华宁煤集团400万吨煤制油项目夜景

这些煤制油工业化示范项目在技术改造、产品开发、管理创新等方面不断发力，为中国乃至世界现代煤化工产业发展蹚出了一条新路，为我国能源安全提供了重要技术支撑。

煤间接液化催化剂

最常用的费-托合成催化剂其金属主活性组分有铁（Fe）、钴（Co）、镍（Ni）及钌（Ru）等过渡金属。

钌基催化剂是效果最佳的费-托合成催化剂，但价格昂贵、储量不足，仅限于基础研究。镍基催化剂的加氢能力太强，易形成副产品，因而使用上受到限制。鉴于上述原因，目前用于大规模生产的费-托合成催化剂只有铁基催化剂和钴基催化剂。

费–托合成
铁基催化剂

铁基催化剂

第六章

煤基炭材料

炭材料是以碳元素为主构成的固体材料，以煤炭作为原料来生产的固体材料被称为煤基炭材料。煤基炭材料产品多种多样，不同产品的内部结构各有特点，适合应用于不同的领域，与我们的日常生活息息相关。

元素周期表中的碳元素

钻石晶莹剔透，美丽、稀有、质硬、耐磨，代表永恒，是人们非常喜欢的饰品。其实，钻石是经过加工的金刚石矿石，而金刚石是在地下高压、高温条件下形成的一种由碳元素组成的单质晶体。同样，煤炭的主要化学组成也是碳元素，所以从化学组成上来说，漂亮的钻石和乌黑的煤炭是一样的。碳元素广泛存在于大气和地壳之中，是一种地球上常见的化学元素，甚至生物体自身也是以含碳化合物为基础组成的。

金刚石是自然界中天然存在的最坚硬的物质，除了作为饰品的钻石，在工业上应用也非常广泛，目前国内有人在研究利用煤层气来合成金刚石，并获得了初步成功。

钻石

知识延伸

碳材料与炭材料

　　"碳材料"一般用来称呼由单一碳元素组成的材料，而用"炭材料"来称呼除碳元素外可能还含有一些其他成分的材料。煤炭里面一般都含有一些灰分杂质，在制成炭材料后也很难彻底除去，所以用"炭材料"来称呼。例如，金刚石是碳材料，活性炭则是炭材料。

"大肚能容"的活性炭

　　现在很多家庭都安装了饮水机，饮水机上装有滤芯，拆开滤芯，经常会看到黑色的颗粒，这就是活性炭。

　　煤基活性炭是用煤作为主要原料生产的炭材料吸附剂，外表一般是暗黑色。虽然外表其貌不扬，但在肉眼看不到的微观层面，活性炭具有丰富的孔隙结构和巨大的比表面积。

活性炭滤芯

比表面积就是单位质量某物质的表面积，活性炭的比表面积一般可以达到每克500～1700平方米，有些特殊品种甚至可以达到每克3000平方米以上。

让我们来做个比较：国际足球联合会规定标准足球场的面积是7140平方米（长105米、宽68米），按比表面积800平方米每克计算，大约9克活性炭的表面积就有一个标准足球场那么大了。这么大的比表面积，导致活性炭具有很强的吸附能力，这正是活性炭能在各个行业大展身手的根本原因。

一口吸尽西江水——活性炭的孔隙与吸附作用

活性炭之所以有这么大的比表面积，是因为它内部具有很多孔隙。活性炭表面的孔隙分为三种：孔径大于50纳米的称为大孔，2～50纳米的称为中孔，小于2纳米的称为微孔。活性炭中大孔、中孔、微孔同时存在，而且大部分活性炭品种中微孔所占比例最大，这也是活性炭结构的一大特点。

活性炭孔隙示意图

　　发达的孔隙结构给活性炭带来了很强的吸附能力。当气体或液体的分子接近活性炭的孔隙时，很容易发生物理吸附或化学吸附，气体或液体的分子被吸入孔隙，并附着在活性炭表面。

　　在煤基活性炭上发生的吸附过程，大多是可逆的物理吸附，被吸附的物质（称为吸附质）在一定条件下可以重新脱离活性炭孔隙（称为解吸），解吸后活性炭表面又恢复到原来的状态。

　　活性炭的这种物理吸附，可以用于回收和除去有机溶剂、各种气体净化、提取贵重药物等方面，并且可以用各种方法进行再生，反复使用。

　　吸附作用是活性炭大部分应用的重要基础，而大孔、中孔、微孔同时存在的孔径分布特点，使得活性炭对大部分吸附质都有吸附作用，是一种广谱吸附剂。

　　早在西汉时期，人们就开始利用木炭的吸附能力进行防腐，可以看作是活性炭较早的应用。

　　1972～1974年，考古人员在湖南长沙发掘了三座西汉古墓，被称为"马王堆汉墓"。马王堆汉墓结构宏伟复杂，木棺周边和顶部都装满了木炭。

木炭

　　墓中出土的除了帛书、金缕玉衣等稀世珍宝和文物外，还有一具栩栩如生的女尸。开棺之后发现女尸保存完好，仿佛睡着了一样，全身柔软有弹性，皮肤细腻无僵尸状态，部分骨关节还可以旋转，手指及脚趾纹路清晰。科学家推测女尸没有腐烂的原因是除了环境封闭、香料防腐外，木炭的除湿吸附作用起了很大的作用。

马王堆汉墓女尸复原图

第一次世界大战期间，各种新式飞机、远程大炮、坦克等新式武器投入使用，特别是毒气，杀伤力巨大。1915年4月22日，德军使用氯气攻击协约国联军，这是人类首次大规模使用化学武器。有矛必有盾，如何防护毒气成了战场上的迫切需求。

其实在第一次世界大战爆发前，已经出现了消防员、矿工使用的各种防毒面具，主要用来防护粉尘，用于战场上防御毒气效果并不好。经过实践和改进，装填了活性炭的防毒面具投入了使用。这种面具利用了活性炭的吸附特性，含有毒气的空气经过装有活性炭的滤罐，毒气被吸附在活性炭上，人们呼吸的是净化后的空气，取得了较好的防护效果。

防毒面具

到了现代社会，活性炭和大家的日常生活密切相关，几乎无处不在。家里买新房装修，用活性炭除甲醛；冰箱长时间使用后有味道，放入活性炭盒除味；饮水机需要过滤，滤芯是活性炭；城市自来水厂里来自水源地的水需要净化，要用臭氧—生物活性炭技术进行处理；工业废水要实现零排放，离不开活性炭的净化；饭店厨房油烟需要经过活性炭的净化再排放……

千锤万凿出深山——活性炭的制备

活性炭虽然种类很多，但它们的生产过程比较相似，一般都包括备煤、成型、炭化、活化、成品处理五个过程。成型活性炭的生产工艺按产品外观的不同又可以分为几种，比较常见的工艺是柱状活性炭和压块活性炭。

备煤是通过破碎、筛分、磨粉等过程把用作生产原料的煤炭加工到一定粒度的过程，成品处理则主要是对活性炭粗产品进行破碎、筛分、包装等处理过程，这两个过程与其他煤炭加工过程类似。

现代化成型机

成型、炭化、活化三个过程对活性炭产品质量有重大影响。成型过程是通过模具把煤粉加工成特定形状，是压块炭、柱状炭等成型活性炭产品特有的生产过程，其中柱状活性炭的成型过程更为复杂，包括捏合、挤条及风干等步骤。

　　捏合是将一种或几种煤粉与一定数量的黏结剂（最常见的是煤焦油）和水在一定温度下进行充分混合、搅拌成膏状物料，与做面条时和面类似；挤条过程则是将捏合好的煤膏在高压下通过一定规格的模具挤压成条状，与挤面条类似。

捏合原理

　　炭化过程实际上是原料煤的低温干馏过程。物料在隔绝空气的条件下加热升温，会发生一系列复杂的物理变化和化学变化，形成基本石墨微晶结构，这种结晶物呈不规则排列，微晶之间的孔隙便是活性炭的初始孔隙。

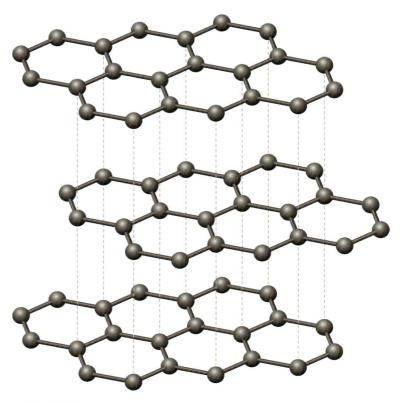

石墨微晶结构

烧蚀后的炭表面

活化过程则是在保持物料一定强度的前提下，通过工艺措施在物料上对孔隙精雕细刻，从而达到活性炭成品的性能要求。我国煤基活性炭生产中最常见的是气体活化法，用水蒸气、烟道气等含氧气体作为活化气体，在高温下与物料里的碳发生氧化还原反应，参与反应的碳转化成气体离开了物料，这部分"烧失"的碳所留下的位置就成为活性炭的孔隙。

随着活化反应的进行，孔隙不断扩大，相邻孔隙之间的孔壁被完全烧失，产生更大的孔隙，进而形成了活性炭大孔、中孔和微孔相连接的孔隙结构，具备了发达的比表面积。

活性炭

我国是世界上主要的活性炭生产国。宁夏地区主要生产柱状活性炭，这种工艺对原料适应广泛，不太"挑食"，可以生产出高、中、低档各类活性炭品种。

山西大同、新疆主要生产压块活性炭，一般要求原料煤具有一定的黏结性，生产出的炭产品一般中孔比较发达，非常适合用于饮用水深度净化等液相处理。山西大同地区能够生产原煤破碎活性炭，这种工艺对原料煤的质量要求较高，较适合具有较高物理强度和反应活性的弱黏煤或不黏煤。

煤基活性炭产品被广泛应用于工业、农业、国防、交通、医药卫生、环境保护等领域，2020年中国煤基活性炭的产量达60万吨，预计今后随着环境保护要求的日益提高，国内外煤基活性炭的产量还会逐年增长。

蓝天守护者

现在，我们看到热电厂、钢铁厂、采暖锅炉的大烟囱，很多时候好像就是静静地矗立在原地，或者仅仅看到一些白色的水汽在升腾，不再是前些年浓烟滚滚的情形。到了冬天，空气中的雾霾也明显减弱了。这是近年来国家大力整治环境污染的成果，很多企业都安装了烟气脱硫脱硝系统，从根本上改变了燃煤工业的形象。活性焦，是烟气脱硫脱硝队伍中的生力军。

🔥 **知识延伸**

活性焦与活性炭的区别

活性焦，也被称为脱硫脱硝活性炭、大颗粒炭，是一种专门用于烟气净化的特殊活性炭产品。活性焦能够同时脱除烟气中二氧化硫、氮氧化物、重金属等多种污染物，是一种高强度、高吸附选择性的煤基活性炭。与普通活性炭相比，活性焦具有颗粒更大、机械强度更高、比表面积较小、生产成本更低的特点。

活性焦干法脱硫脱硝工业装置

活性焦

活性焦能够对烟气进行深度净化，而且脱除过程基本不消耗水，不会产生废水、废渣等二次污染。从烟气中脱除下来的二氧化硫还可以用来生产含硫副产品（浓硫酸、硫黄、硫铵等），实现资源化回收。目前已成功应用于工业装置上的活性焦干法烟气净化技术，二氧化硫的脱除效率可以达到98%以上，氮氧化物的脱除效率可以达到80%以上。活性焦干法烟气净化技术适合我国国情，有较好的应用市场和前景。

那么，活性焦是如何完成这些任务的？它为什么如此优秀？

根本原因是，活性焦具有较发达的孔隙结构和丰富的表面化学官能团，在烟气净化过程中起到了吸附剂和催化剂的双重作用。

我们先来看看它是怎么脱硫的。

活性焦脱除二氧化硫的过程中，物理吸附和表面化学反应同时进行。首先发生的是物理吸附，烟气中的二氧化硫、氧气和水被分别吸附到活性焦表面，然后在活性焦的催化作用下发生表面化学反应，将吸附态的二氧化硫催化氧化为硫酸，并稳定储存于活性焦表面孔隙中。

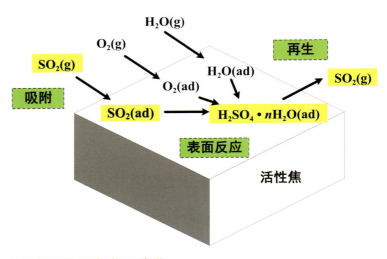

活性焦脱硫−再生过程示意图

那么，它又是怎么脱硝的呢？

活性焦脱硝过程是以活性焦为催化剂、氨为还原剂的选择性催化还原反应（selective catalytic reduction，SCR）。氨首先吸附在活性焦表面，再与烟气中的氮氧化物反应，将氮氧化物还原成氮气和水，氮氧化物变成氮气，就不再有危害了。常规的SCR催化剂（如五氧化二钒、二氧化钛）要在300～400摄氏度的温度区间才能保持较高反应活性，而活性焦在130～140摄氏度即可催化反应，这正好是很多烟气的排放温度区间。

活性焦吸附了这么多污染物后，怎么处理？它又是如何"满血复活"的？

将活性焦加热到约400摄氏度，孔隙中储存的硫酸与炭反应，产生二氧化硫并从孔隙中释放出去，从而实现活性焦脱硫能力的恢复，可以继续循环利用。活性焦再生所产生的高浓度二氧化硫气体，浓度可达15%以上，可以用来生产浓硫酸、稀硫酸（70%）、液态二氧化硫、单质硫、亚硫酸铵等各种含硫化合物，解决了脱硫抛弃法所存在的二次污染问题。

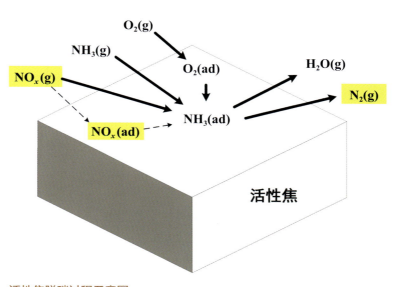

活性焦脱硝过程示意图

接下来我们看一下，如此"武艺高超"的活性焦，是怎样生产出来的？

活性焦的生产过程与柱状活性炭类似，也包括原料煤制粉、成型、炭化和活化过程，只在原料配方、生产工艺条件和主要生产设备方面有些不同。活性焦的外观也是圆柱形状，但直径一般是5～9毫米，而普通柱状活性炭的直径一般是1～4毫米。

在活化过程中，活性焦活化的程度比较"浅"，比活性炭的活化时间更短，烧失的碳更少，产品的强度更好。2001年，煤炭科学技术研究院有限公司研制出高性能、低成本的活性焦产品，在贵州进行了我国第一套活性焦脱硫工业装置示范，运行效果良好。

我国活性焦生产原料煤主要分布在山西、内蒙古和宁夏，因此在山西和宁夏形成了我国两个大型的煤基活性焦生产基地。这两个基地的活性焦产量占全国活性焦产量的85%左右。目前，国内每年实际生产活性焦约50万吨，主要用于国内钢铁烧结、焦化、金属冶炼、燃煤电站、工业锅炉、石油化工等行业的烟气/废气净化。

这根管子不一般

碳纳米管，也称为巴基管，是1991年被日本学者饭岛澄男发现的一种新型碳材料。

碳纳米管是由碳原子圆柱卷成碳分子的一维碳纳米材料，可以看成是一根管子，由石墨片层结构单元绕中心按一定的角度卷曲而形成。碳纳米管中每个碳原子和相邻的三个碳原子相连，形成了六角形网格结构。

碳纳米管独特的结构带来了许多优良性能，例如它的弹性模量是目前所有已知材料中最高的，与金刚石相当，是钢的5倍左右；拉伸强度是高强度金属的2.5倍左右。另外，碳纳米管的热稳定性和化学稳定性都很好，导热、导电和光学性质也非常出色。

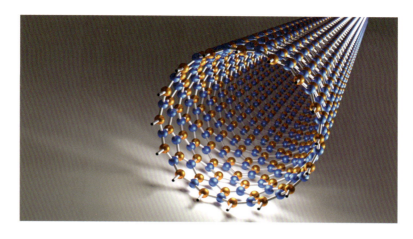

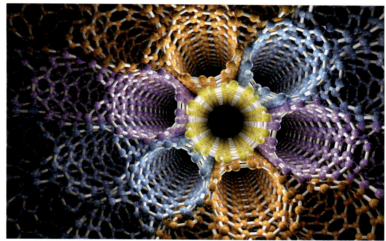

碳纳米管的立体结构示意图

　　碳纳米管可以作为导电剂应用于锂离子电池正极材料中，用来提高电池的容量、倍率、循环寿命等性能，也可以与磷酸铁锂或锰酸锂合成复合材料用作锂离子电池正极材料，可以提高导电性、降低阻抗。碳纳米管还可以用来制作超级电容器，是电子科技、新能源汽车等领域非常需要的新型材料。

　　此外，碳纳米管对氢气的吸附量大，能够降低氢气储存成本，减少爆炸危险，是一种非常理想的储氢材料；具有良好的导电性，较强的耐热变形性，高强度和优异的弹性，是复合材料的理想增强材料。

碳纳米管是怎么制备出来的呢？常见的方法主要有石墨电弧法、激光蒸发法和化学气相沉积法三种，其中化学气相沉积法已经实现了大规模生产。

诺贝尔奖获得者的发现

2004年，由英国科学家安德烈·海姆和康斯坦丁·诺沃肖洛夫首次制得单层石墨烯，并在2010年获得诺贝尔物理学奖。

事实上，石墨烯在自然界中是长期存在的，但直到2004年才由人工制得单层结构的石墨烯。它是由一层、双层或少数几层碳原子紧密堆积而成的二维碳材料，每层碳原子以苯环结构存在。

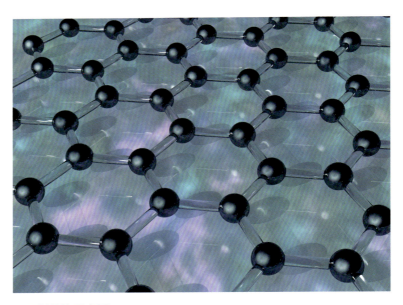

石墨烯结构示意图

石墨烯结构独特，电学、力学、光学、热学性能优异，被认为是一种革命性的材料，在新能源电池、储能、催化、传感器等领域具有广阔的应用前景。

此外,石墨烯可以像大型积木玩具中的小积木块一样,通过包裹、卷积、多层堆积等不同方式,作为基本单元构成富勒烯、碳纳米管、石墨等碳材料。

石墨烯具有的优良导热性能,能够显著提高复合材料的导热能力,可以用于高功率的氮化镓电子和光电器件,还可以用来制作高稳定性的晶体管,由它制成的晶体管可以达到极高的工作频率,而且可以制成柔性屏幕。由石墨烯制备的新能源电池容量大、充电快,性能优异。石墨烯具有高化学稳定性和高比表面积等优点,也是储氢领域的优秀材料。

以无烟煤、烟煤等高阶煤作为原料,经过石墨化—氧化还原—剥离等过程,可以获得煤基石墨烯。根据这个原理,国内大批学者发展了多种无烟煤制石墨烯的技术。2500摄氏度时,对无烟煤进行石墨化处理,可以制得单层三层以下的石墨烯,而如果采用烟煤,可制得单层4～6层的石墨烯。

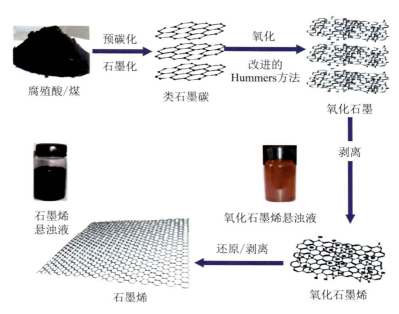

煤制石墨烯技术路线

能量海绵

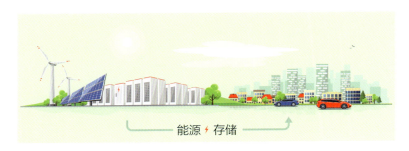

新能源发电与存储

　　在智能手机刚刚普及时，因为手机耗电快，很多人都随身携带"充电宝"，方便随时给手机充电。可以说，"充电宝"给人们提供了一种安全方便的电能存储和释放手段。风能、太阳能等新能源的利用都离不开电能的储存和释放，电池、电容、超级电容器都是可以实现这种功能的设备。

电池与电容

　　超级电容器介于电池和电容之间，比电池更方便快捷，更适用于电路系统，比电容容量更大。超级电容器可以分为双电层电容器、赝电容电容器、混合型电容器等。和传统的电容器相比，超级电容器的功率和电流密度更大，充放电更快，使用寿命更长，也更加节能环保。

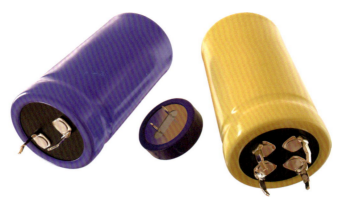

超级电容器

　　前面提到的活性炭、碳纳米管、石墨烯都可以作为电极材料用来制作超级电容器，也可以将多种纳米炭材料进行表面改性，制作成复合材料，用来提高电极性能。

　　用炭材料作为电极制成的超级电容器体积很小，可以用于芯片、存储器、数据传输系统等微电流供电，也可以用作智能仪表、太阳能灯具以及其他小功率电器的电源，如风力发电系统、太阳能航标灯、手摇发电手电筒、智能煤气表等。

太阳能路灯

智能煤气表

此外，新能源汽车、数码产品上普遍使用的锂离子电池，可以采用碳纳米管、石墨烯作为电池电极材料，刚刚兴起的钠离子电池可以采用煤基硬炭（难以石墨化的炭材料）作为负极材料。

新能源汽车上的锂电池

数码产品上的锂离子电池

炭材料的主要化学组成是碳元素，碳原子的不同排放方式能够形成不同的微观结构，这种差异使得炭材料表现出各种独特的宏观性质，可以实现不同用途。

随着煤基炭材料的发展，煤炭从燃料转向原料，真正实现了百变。

第七章

煤炭清洁高效利用

世界处于能源大变局时代，各国将科技创新视为推动能源转型的重要突破口。发达国家率先建立了成熟的煤炭科技研发体系，注重与现代科学技术结合，以智能化、数字化技术助力煤炭安全高效生产和清洁转化利用。

"清洁"要求煤炭利用低污染、低碳化，"高效"要求煤炭利用具有高效益和经济性，在国内外市场具有综合竞争力。我们来看有哪些创新技术使煤炭的利用更清洁、更高效。

二氧化碳的『新征程』

我们都知道，煤炭中含量最多的元素是碳，碳燃烧过后会产生大量的二氧化碳。二氧化碳排放过多会导致温室效应。那么如何减少煤炭加工利用过程中产生的二氧化碳并收集起来再加以利用呢？

全球变暖，地球正在"融化"

北极熊在融化的冰上

　　针对这个问题，科学家提出了一系列技术，这些技术可以概括为碳捕集、利用与封存（carbon capture, utilization and storage，CCUS）技术。

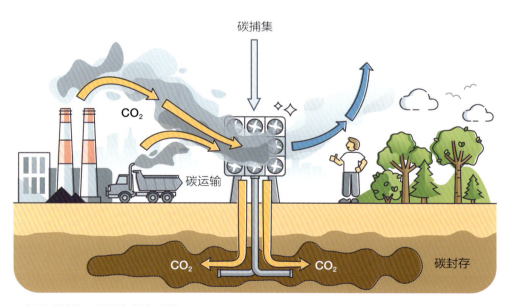

二氧化碳捕集、利用与封存系统

它是一项新兴的、具有大规模二氧化碳减排潜力的技术，被广泛认为是应对全球气候变化、控制温室气体排放的重要技术之一。CCUS技术主要是将大型发电厂、钢铁厂、化工厂、水泥厂等排放源产生的二氧化碳进行捕集分离并收集封存起来，然后运输到特定地点加以合理利用或进行封存，以减少二氧化碳的排放。

二氧化碳的"黑历史"

地质学研究表明，5亿年前，大气中有0.7%的二氧化碳，比目前大气中二氧化碳含量高得多。那时的地球跟现在完全不同：温室气体保持了地表的温度，气温比现在高10摄氏度。之后，由于地质作用等各种原因，地球大气中的二氧化碳浓度平均每百万年下降0.0013%。

到3亿年前左右，由于大型植物茂盛和石灰岩沉积等固碳作用，大气中的二氧化碳含量大幅度下降。3亿年前到2亿年前，地壳板块运动剧烈，火山活动频繁，释放出大量的二氧化碳，使其在空气中的浓度增加了好几倍，从0.04%增加到0.18%。之后，二氧化碳含量缓慢下降。可见，在没有人类工业生产影响的条件下，地球大气中的二氧化碳含量曾经也是剧烈波动的。

大约300万年前，早期人类出现，那时二氧化碳浓度和今天的浓度相近，为0.04%，之后一直缓慢下降，在0.04%以下。一直到第一次工业革命爆发前的1万年内，二氧化碳浓度维持在0.028%左右。

工业革命以来，尤其是近50年来，全球化石燃料的消费量快速增加，导致了二氧化碳排放总量也以较快的速度增长。据报道，全球二氧化碳排放总量，从1965年的111.9亿吨增长到2020年的323.2亿吨。大气中二氧化碳浓度开始上升，尤其是最近100年，增加速度飞快。根据美国国家海洋和大气管理局公布的数据，2022年5月，地球大气中的二氧化碳月平均浓度为0.0421%。这是400多万年地质记录以来的最高值。

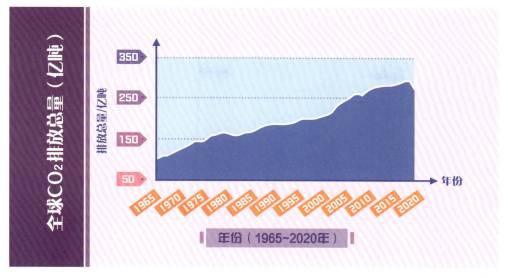

全球CO₂排放总量（亿吨）

排放总量/亿吨

350
250
150
50

年份

1965 1970 1975 1980 1985 1990 1995 2000 2005 2010 2015 2020

年份（1965~2020年）

1965～2020年全球二氧化碳排放总量

现代化工厂排放CO₂等污染物

减缓碳排放：二氧化碳捕集　　　二氧化碳捕集是CCUS技术的第一个环节，将以化石燃料运行的电厂、钢铁厂、水泥厂等生产过程中产生的二氧化碳进行捕集分离，以便实现二氧化碳利用或将其进行封存。二氧化碳捕集技术通常分为燃烧前捕集技术、燃烧后捕集技术、富氧燃烧技术以及其他新兴碳捕集技术等。

捕集工厂排出的二氧化碳

二氧化碳捕集技术成熟程度差异较大，目前燃烧前物理吸收法已经处于商业应用阶段。燃烧后捕集技术是目前最成熟的捕集技术，可用于大部分火电厂的脱碳改造。燃烧前捕集系统相对复杂，整体煤气化联合循环（IGCC）技术是典型的可进行燃烧前碳捕集的系统。

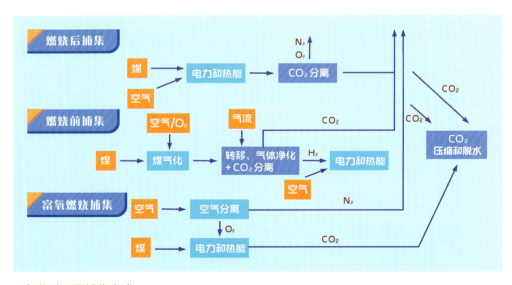

二氧化碳不同捕集方式

二氧化碳的大本领

二氧化碳是主要的温室气体，但其实也有很多的用途。将捕获的二氧化碳进行合理利用不仅能减缓温室效应，而且能创造一定的经济价值。目前的二氧化碳利用技术有化工领域利用技术、二氧化碳微藻炼油技术、二氧化碳驱油技术、二氧化碳驱气技术和二氧化碳驱替地下咸水技术等。

"云雾缭绕"的干冰

当第一次看到电视剧里"云雾缭绕"的场景时，会不会好奇工作人员是如何制造出这样的氛围呢？这些看起来像是"云雾"的气体，都来自于固态的二氧化碳（俗称"干冰"）。在婚礼现场或者表演舞台上，我们都可以看到白色的"云雾"，其实那就是用机器将干冰气化喷到空气中形成的。

干冰制造"云雾"效果

除了能制造"云雾缭绕"的效果外，干冰还有哪些用途呢？

灭火器是一种可携式灭火工具，是常见的防火设施之一，内置化学物品，用以灭火，存放在公共场所或可能发生火灾的地方。不同种类的灭火器内装填物料的成分不一样，是专为不同的火灾起因而设。干冰是二氧化碳的固态存在形式，利用二氧化碳既不能燃烧，也不支持燃烧的性质，覆盖在燃烧物表面隔绝氧气而灭火。

消防员演示灭火器使用

干冰的熔点极低，通常情况下达到零下几十摄氏度，因此在长途运输和保鲜的时候经常就是用干冰。此外，人工降雨的时候把干冰置于高空云层中，可以将空气中的水分凝结成小水滴，继而变成雨水降落下来。

二氧化碳，
快到碗里来

相信很多人都喝过汽水，什么是汽水？汽水简单来说就是把矿泉水煮沸之后经过紫外线照射，再充入二氧化碳，并加入糖、柠檬酸、香料等制作而成的饮料，通俗的叫法就是碳酸饮料。喝到嘴里之后很清凉，这种清凉的感觉有一部分是其中的二氧化碳带来的。而甜味和酸味则是糖、柠檬酸、香料和植物萃取液带来的，二氧化碳从汽水中逸出时，能带出其香味，增加风味。此外，二氧化碳还能抑制好氧型微生物的生长繁殖。

二氧化碳被用来生产汽水

除此之外在食品行业，在葡萄酒、鸡尾酒或饮料中加入干冰块，饮用时凉爽可口，杯中烟雾缭绕，十分怡人。制作冰淇淋时加入干冰，冰淇淋不易融化。还有在很多星级酒店或者海鲜城里，我们都可以看到一些食物被端上餐桌的时候冒着白腾腾的气体，其实那就是干冰，用于食物的美化，以产生白色烟雾景观，使人赏心悦目。

吧台上的冰汽鸡尾酒

"摇身一变" 成淀粉

二氧化碳居然能合成淀粉？粮食不需要在土地种植？而是在生产车间中人工制造出来？这种科幻又天方夜谭的事情是可以真实发生的，中国科学家经过数年坚持不懈的科研攻关，将这不可思议的构想转变成现实。

小麦和面粉

淀粉大家一定不陌生，是玉米、大米、马铃薯、小麦等粮食作物的主要成分，它是由葡萄糖单元通过糖苷键连接而成的聚合碳水化合物，是人类饮食的主要成分和重要的能量来源。另外，淀粉也是非常重要的工业原料，例如用于造纸业、纺织业、服装、塑料等领域。

目前淀粉主要由农作物通过光合作用，将太阳能、二氧化碳和水转化而成。但这种方式存在几个问题：自然界淀粉合成与积累，涉及60余步代谢反应以及复杂的生理调控，步骤复杂；理论能量转化效率仅为2%左右，效率较低；玉米的生长周期一般超过100天，速度较慢；需要使用大量土地、淡水等资源以及化肥、农药等农业生产资料，占用资源多。

进行光合作用的农田作物

长期以来，科研人员一直在努力改进光合作用这一生命过程，希望提高二氧化碳和光能的利用效率，最终提升淀粉的生产效率。经过不懈努力，科学家构建了11步主反应的非自然二氧化碳固定与人工合成淀粉新途径，将理论能量转化效率提升了3.5倍，突破了自然光合固碳系统利用太阳能低效率的局限。

科学家研制人工合成淀粉

那么，二氧化碳具体是如何变成淀粉的呢？

从能量角度看，光合作用的本质是将太阳光能转化为淀粉中储存的化学能。于是科研人员想到了光能—电能—化学能的能量转变方式。首先，光伏发电将光能转变为电能，通过光伏电水解产生氢气；然后，通过催化剂利用氢气将二氧化碳还原生成甲醇，将电能转化为甲醇中储存的化学能。这个过程的能量转化效率超过10%，远超光合作用的能量利用效率。

丰收的麦田

　　但是自然界中并不存在甲醇合成淀粉的生命过程。要想人工实现这个过程，关键还要制造出自然界中原本不存在的酶催化剂。科研人员挖掘和改造了来自动物、植物、微生物等31个不同物种的62个生物酶催化剂，最终优选出10种合适的酶，逐步将甲醇转化为淀粉。

　　这种转化路径不仅能合成易消化的支链淀粉，还能合成消化慢、升糖慢的直链淀粉。经过分析鉴定，合成的淀粉样品无论成分还是理化性质，都和农作物自然生产的淀粉一模一样。

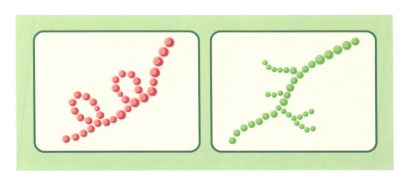

直链淀粉（左）和支链淀粉（右）

新途径的淀粉合成速率是玉米淀粉合成速率的8.5倍，在充足能量供给的条件下，按照目前的技术参数推算，理论上1立方米的生物反应器年产淀粉量相当于我国5亩土地种植玉米的平均年产量！这将避免农药、化肥等对环境的负面影响，大大提高人类粮食安全水平。

农民在田地喷洒农药

虽然目前设计、创建超越自然的人工生物系统生产淀粉，取得了突破性进展。但要真正实现以二氧化碳为原料工业化制造淀粉，依然任重而道远。或许将来有一天，我们会突破工业化批量生产淀粉的技术，不再依赖大量的土地种植，将二氧化碳从工厂"端上"餐桌。

海藻"吸碳"制柴油

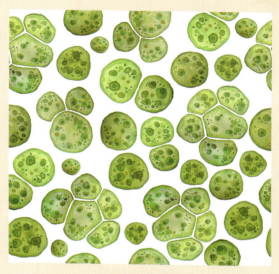

扫码观看视频

含油脂的单细胞绿藻

　　微藻是指那些在显微镜下才能辨别其形态的微小的藻类群体。微藻制油是利用微藻光合作用,将二氧化碳转化为微藻自身生物质从而固定碳元素,再通过反应使微藻自身碳物质转化为油脂,然后利用物理或化学方法把其细胞内的油脂转化到细胞外,进行提炼加工,生产出生物柴油。微藻生长过程中会吸收大量二氧化碳,理论上每生产培养1吨微藻生物质可固定的二氧化碳达1.83吨。

二氧化碳助力石油开采

　　无论各行各业还是人民的日常生活都需要大量的能源,如石油和天然气等。如果能发明一种将二氧化碳捕集利用与能源生产相结合的技术那可太完美了。

石油开采

二氧化碳驱油技术是指以二氧化碳为驱油介质提高石油采收率的技术，也可以称为二氧化碳提高原油采收率技术（enhanced oil recovery，EOR），其具有适用范围大、驱油效率高的特点。

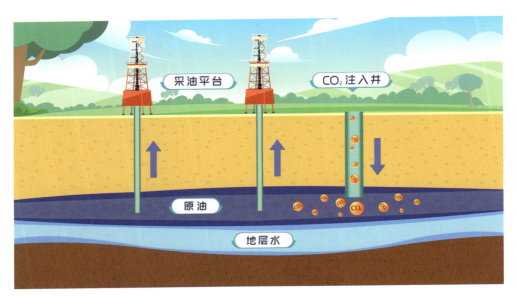

二氧化碳驱油示意图

传统的采油技术采油率有限，工作效率不高，同时经过多年的二次生产，用常规方法开采油藏难以获得较高的采收率，许多油田开始出现产量下降的现象。在石油工业中，利用二氧化碳强化采油技术已经应用了几十年，美国是世界上较早研究和应用二氧化碳驱油技术的国家。

二氧化碳驱油的原理是二氧化碳易溶于水和原油，并且二氧化碳在原油中的溶解度大于在水中的溶解度，因此当原油中溶有注入的二氧化碳时，二氧化碳会降低油水界面的张力，从而降低残余油的饱和度，使原油的开采效率大幅提升。同时二氧化碳溶于原油后，原油黏度显著降低，因而增强了水的驱油效果。

二氧化碳强化天然气采收

二氧化碳除了能帮助我们开采石油，同样的道理，也能将二氧化碳注入含有天然气的地层中，以此强化对天然气的采收。天然气是一种主要由甲烷组成的气态化石燃料，可以给居民生活供暖或用于厨房直接燃烧。它主要存在于油田和天然气田，也有少量存在于煤层中。把二氧化碳注入枯竭的天然气藏区，既可以封存二氧化碳又可增加天然气的采收率。这个过程称为注入二氧化碳提高天然气采收率（CO_2 storage with enhanced gas recovery，CSEGR）。

二氧化碳驱替天然气是将二氧化碳以超临界（温度高于31.1摄氏度，压力高于7.38兆帕，密度约为500～800千克每立方米）相态形式驱替天然气，二氧化碳的临界值较低，很容易达到超临界态。

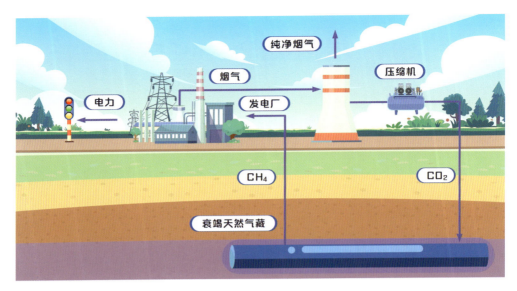

二氧化碳强化采收天然气

超临界二氧化碳的性质比较独特，具有较低的黏度、较高的密度（近于液体的密度）、较强的扩散性和溶解性，能快速地渗入微孔隙。研究表明，绝大部分的气藏区的温度、压力均在临界值之上，地层条件下天然气中的二氧化碳常以超临界状态存在。

二氧化碳强化采气技术主要将二氧化碳注入即将枯竭的天然气藏区恢复地层压力。二氧化碳注入后向下运移到气藏区底部，促使甲烷向顶部运移并将其驱替出来。

二氧化碳驱替煤层气

驱替煤层气技术，是以二氧化碳作为吸附剂，利用其在煤体表面被吸附能力高于甲烷的特性，可用于驱替煤层气，实现提高煤层气采收率和埋存二氧化碳。

二氧化碳驱替煤层气示意图

　　煤是由死亡的植物被埋藏后，经过漫长的生物化学和变质作用形成的。煤层中大量的煤层气就是在此过程中形成和储存下来的。煤层气在储存形式上不同于常规的天然气，常规天然气是以游离态存在于岩石储层中，而煤层气是以吸附状态存在于煤层中。

　　驱替煤层气技术的原理如图所示。由于二氧化碳在煤层中比甲烷具有更强的吸引力，单位煤颗粒表面积上吸附的二氧化碳和甲烷分子数的比例为2：1，即两个二氧化碳分子能够置换出一个甲烷分子而吸附在煤颗粒表面，并不改变煤层压力等特性，从而达到高煤层气采收率和二氧化碳埋藏的目的。使用二氧化碳驱替煤层气时，首先选择合适的含煤盆地和煤层，以合适的井间距离钻探注入井和生产井，注入井注入二氧化碳，生产井生产煤层气。

　　除了上述作用外，二氧化碳还有什么用途呢？二氧化碳分子很稳定，但在特定催化剂和反应条件下，仍能与许多物质反应。因此，二氧化碳作为化工产品的生产原料具有较大规模的应用。

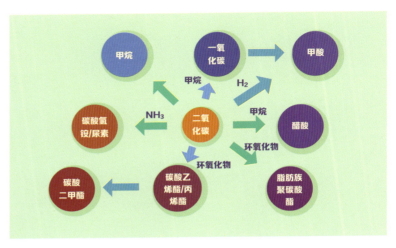

二氧化碳化工利用途径

用二氧化碳及其他原料生产的尿素

每年全球近1.1亿吨二氧化碳用于化工生产。尿素是利用二氧化碳生产最多的产品，每年消耗二氧化碳达7000万吨；其次是无机碳酸盐，每年消耗二氧化碳达3000万吨；每年用于加氢还原合成一氧化碳的二氧化碳达600万吨；将二氧化碳合成药物中间体水杨酸及碳酸丙烯酯等，每年消耗二氧化碳达2万多吨。

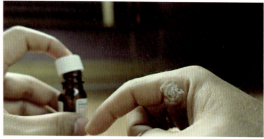

水杨酸可用作生产美容产品和治疗出血的医疗药物

二氧化碳封存

　　二氧化碳用途非常广泛，但对于从煤炭利用过程中捕集到的大量二氧化碳，用不完的部分应该怎么处理呢？科学家想到了一种好办法。那就是将二氧化碳压缩后"埋入"地下深处或者海洋深处。

　　现有的封存方式可概括为两大类：地质封存和海洋封存。

　　地质封存方式研究与应用最早，是目前二氧化碳封存实施的主要方式，将压缩后的二氧化碳流体通过井筒直接注入合适的地下储层中以实现永久封存。

二氧化碳地质封存概念模型

二氧化碳封存技术在实际项目中的应用始于20世纪70年代早期，美国为提高石油的采收率，率先在位于得克萨斯州的项目中采用二氧化碳来驱替石油，这是人类历史上第一个商业级（年封存量达到100万吨的量级）大规模二氧化碳封存项目。

海洋封存是将捕集的二氧化碳运输到海底进行封存。由于地球表面71%的面积被海洋占据，因此其封存潜力相比地质封存将更大。据相关研究估算，海洋的固碳能力约是陆地生物圈的20倍，是大气的20倍。全球光合作用每年捕获的二氧化碳，约55%由海洋生物完成，而陆地生态系统只占45%。过去200年来，通过化石燃料燃烧而排放到大气中的二氧化碳有1.3万亿吨之多，而海洋吸收了其中的30%～40%。

CO₂海洋封存

碳减排"任重道远"：二氧化碳运输

二氧化碳捕集之后，可能距离将其加工利用或埋存的地方很远，因此二氧化碳的运输对于整个CCUS的安全、持续运行至关重要。二氧化碳的运输主要包括管道运输、船舶运输、铁路运输及公路运输几种形式。

从20世纪70年代早期，提高原油采收率工业中就已经开始使用管道输送纯二氧化碳。由于管道运输具有连续、稳定、经济、环保等多方面的优点，而且技术成熟，对于类似CCUS这样需要长距离运输大量二氧化碳的系统来说，管道运输被认为是最经济的陆地运输方式。目前，国际上现有的CCUS系统也都把管道运输作为首选。

二氧化碳运输管道

船舶运输适用于大规模、超长距离或者海洋线运输等情形，具有运输量大、目的地灵活等优点，目前已成为全球最热的新方向之一，且我国鞍钢集团已于2023年3月3日宣布成功研制二氧化碳运输船液货舱用低温钢，填补了国际空白。

而短途最有效的则是通过卡车进行的公路运输，其灵活性是其他运输方式不能比拟的。在国内运输中，城际之间的运输大部分通过管道，还有一部分则是通过铁路和公路进行运输。

CCUS作为最有希望实现化石能源大规模利用、发展绿色低碳的关键技术，对我国未来减缓二氧化碳排放具有重大意义。国内外成熟的CCUS工程项目，地下封存、驱油和食品级利用是当前较主流的方向。我国一些企业在碳捕集、利用与封存方面取得了较大进步，CCUS项目遍布19个省份，捕集源的行业和封存利用的类型呈现多样化分布，但捕集规模较国外项目还有较大的提升空间。

随着国家示范项目范围的不断扩大，有望建成低成本、低能耗、安全可靠的CCUS技术体系。

脱硫脱硝：给燃煤烟气戴上口罩

怎么阻止煤炭燃烧过程中产生的含有毒有害物质的废气进入大气中呢？科学家想到了给燃煤烟气戴上过滤口罩的方法——脱硫脱硝技术。

在我国煤炭的消费结构中，约50%的煤炭用来发电。电厂以往在燃煤发电时，燃料不完全燃烧所产生的一氧化碳和二氧化硫等有毒气体如不经处理直接排放将会对大气环境造成污染，严重时还会进一步产生酸雨以及光化学烟雾等现象。

为了解决这个问题，电厂燃煤脱硫、脱硝及除尘技术便应运而生，其应用也体现出良好的效果。脱硫脱硝及除尘技术不仅可以显著减少污染物的排放量，还可以在很大程度上提高煤炭资源的利用率，进而降低发电成本。

目前脱硫方法一般可划分为燃烧前脱硫、燃烧中脱硫和燃烧后脱硫三类。其中燃烧前脱硫是在煤燃烧前把煤中的硫分脱除掉，燃烧前脱硫技术主要有物理洗选煤法、化学洗选煤法等。燃烧后脱硫，又称烟气脱硫。燃烧中脱硫，又称炉内脱硫，是在燃烧过程中，向炉内加入固硫剂如碳酸钙等，使煤中硫分转化成硫酸盐，随炉渣排出。

固硫剂碳酸钙粉末

　　按吸收剂及脱硫产物在脱硫过程中的干湿状态又可将脱硫技术分为湿法、干法和半干（半湿）法。湿法烟气脱硫技术是用含有吸收剂的溶液或浆液在湿状态下脱硫和处理脱硫产物。干法烟气脱硫技术的脱硫吸收和产物处理均在干状态下进行，而半干法是指脱硫剂在干燥状态下脱硫、在湿状态下再生，或者在湿状态下脱硫、在干状态下处理脱硫产物的烟气脱硫技术。

电厂烟气脱硫设备

半干法以其既有湿法脱硫反应速度快、脱硫效率高的优点，又有干法无污水废酸排出、脱硫后产物易于处理的优势而受到人们的关注，在电厂锅炉脱硫工作中也得到更加广泛的应用。

对于脱硝技术，一般来说电厂锅炉干法脱硝技术与湿法脱硝技术的技术原理与脱硫技术相似。工业上比较常用的是选择性催化还原（SCR）脱硝技术。SCR脱硝技术是指在催化剂的作用下，还原剂与烟气中的氮氧化物反应生成无害的氮和水，从而去除烟气中的氮氧化物。

脱硫和脱硝虽然是两个过程，但由于硫氧化物和氮氧化物都是酸性氧化物，同时对它们进行脱除完全可行。若用两套装置分别脱硫和脱硝，不但占地面积大，而且投资、管理、运行费用也高。近年来，脱硫脱硝一体化工艺已经成为各国控制烟气污染的研发热点。

随着人们环保意识的增强，国家环保法规的日渐严格，烟气脱硫脱硝技术飞速发展，目前燃煤电站、焦化、冶金等行业都已基本实现超低排放控制，很多项目中燃煤烟气排放已经达到天然气锅炉的洁净水平。

绿色、环保化工厂

创新技术，未来可期

创新是引领发展的第一动力。提到新技术，首先能想到变革性的突破便是5G时代的到来，5G技术在各个领域的应用改变了我们以往传统的生活方式，带来了巨大的效率提升和生活质量的提高。当5G技术与煤化工创新性地结合，会与智慧煤化工碰撞出怎样的火花呢？除此之外，在现代煤化工领域还有众多创新性的技术，煤化工未来值得期待的同时，也有很多问题需要同步解决。

新技术驱动智慧工厂发展

智慧煤化工的大脑：5G

每一轮科技进步，必然引发每个行业甚至整个世界的新一轮大变迁。5G的到来当然也不例外！如果说4G使人与人、人与物互联，那么5G则使万物互联。5G将万事万物连接起来，未来的世界里，每一件物体都能利用5G实现数据交互，一切物体都可操控、可交流、可定位，彼此协同工作，超越了空间和时间对万物的隔离。除了参与各企业智能工厂的建设外，5G智慧钢铁、智慧矿山也在让钢铁和煤炭产业焕发新的活力。对于下游的煤化工企业，5G与智能煤化工的结合同样让人期待！

5G+智慧煤化工

目前，很多煤化工、发电变电、大型输送管廊等场所的巡视和检修工作大部分都依靠人工进行定时检查、驻点值守，但人工往往无法收集有效数据，且有不少区域人工无法进行有效的巡检。尤其在煤化工生产厂区，设备表面温度异常变化、局部区域异常气体变化等，若不能及时发现进行处理可能会造成人员伤亡和巨大经济损失。

燃煤发电厂中错综复杂的设备与环境

而依靠5G大连接的特性，智能巡检装置可装备红外热成像传感器、气体传感器、音频传感器、360度摄像机等多种智能传感器和装备，能够实时采集、存储、传输现场的图像、声音、温度、烟雾、有害气体等数据。再通过增强的宽带实时传输数据，通过数据分析，判断设备故障及故障位置，完全替代人工巡检，降低劳动风险，提升智能化管理水平。

除此之外，和生活中常见的智能穿戴设备一样，利用5G、物联网、移动通信、云计算、大数据等技术，可开发更多不同用途的一体化智能穿戴产品，应用于日常作业、远程巡检、远程协助、应急救援等多样化场景，解决安全生产现场作业过程中的问题，打造煤化工企业安全生产管理新模式。

生活中的智能穿戴产品

信息化建设水平衡量着企业管理工作现代化程度，借助5G+工业互联网，搭建经营决策大数据分析系统、生产管理决策分析系统等，可以实现能源消耗、安全、环保等生产经营数据的自动化采集与上传，同时也能实现生产过程的无人化、智能化，实时管理追踪，打造信息化、自动化、数字化、大数据分析和人工智能集成的智慧化工厂，打造智慧煤化工企业。

工厂内高端智能的控制室

乘风破浪的新技术

目前大多数的传统煤化工企业在信息化建设方面存在不足，生产过程中各种数据和信息不能实现有效互联，在生产、指挥、协调等方面无法实现真正智能化。煤化工企业想要在广阔的市场中得到长足发展，绿色数字化转型是未来发展的必由之路。

新兴的CCUS技术有望成为碳减排"利器"。虽然经过几年的科研攻关，CCUS技术已有许多突破，但距离全面大规模商业化应用仍有很长的路要走。

实现煤炭更清洁绿色利用，离不开烟气的脱硫脱硝技术。目前大多数脱硫脱硝一体化技术仍处在研究阶段，工艺不够成熟，开发适合实际工况，投资少、运行费用低、效率高的脱硫脱硝一体化技术成为未来发展的重点。

常秋连，何国锋，陈明波，等.煤焦油深加工技术分离提取高值化学品研究进展[J].煤质技术，2023，38（4）：10-20.

陈鹏.中国煤炭性质、分类和利用[M].2版.北京：化学工业出版社，2007.

樊大磊，李富兵，王宗礼，等.碳达峰、碳中和目标下中国能源矿产发展现状及前景展望[J].中国矿业，2021，30（6）：1-8.

郭晓琦，白云起，白青子，等.碳纳米管性能及应用进展[J].炭素，2018，46（2）：40-44，37.

何建平.炼焦化学产品回收与加工[M].2版.北京：化学工业出版社，2016.

侯侠，张伟伟.煤化工科普知识[M].北京：中国石化出版社，2013.

黄其励，谢克昌.先进燃煤发电技术[M].北京：科学出版社，2014.

黄振兴.活性炭技术基础[M].北京：兵器工业出版社，2006.

科技舆情分析研究所.人工合成淀粉：未来不用种地了吗？[J].今日科技，2021，53（10）：40-42.

李君，李井峰，赵阳，等.煤基石墨烯材料制备工艺研究进展[J].洁净煤技术，2021，27（S02）：206-211.

立本英机，安部郁夫.活性炭的应用技术——其维持管理及存在问题[M].高尚愚，译.南京：东南大学出版社，2002.

梁大明.中国煤质活性炭[M].北京：化学工业出版社，2008.

刘淑琴，梅霞，郭巍，等.煤炭地下气化理论与技术研究进展[J].煤炭科学技术，2020，48（1）：90-99.

刘振亚.全球能源互联网[M].北京：中国电力出版社，2015.

陆诗建.碳捕集、利用与封存技术[M].北京：中国石化出版社，2020.

骆仲泱.二氧化碳捕集、封存和利用技术[M].北京：中国电力出版社，2012.

彭伟，王芳，王冀.我国海洋可再生能源开发利用现状及发展建议[J].海洋经济，2022，12（3）：70-75.

邱欣盛.热回收焦炉在钢铁联合企业中的应用[J].燃料与化工，2022，53（3）：23-25.

孙仲超.煤基活性炭[M].北京：中国石化出版社，2016.

汪寿建.现代煤气化技术发展趋势及应用综述[J].化工进展，2016，35

（3）：653-664.

王辅臣.煤气化技术在中国：回顾与展望[J].洁净煤技术，2021，27（1）：1-33.

王卫良，吕俊复，倪维斗.高效清洁燃煤发电技术[M].北京：中国电力出版社，2020.

王献红.二氧化碳捕集和利用[M].北京：化学工业出版社，2016.

吴晓煜.煤史钩沉[M].北京：煤炭工业出版社，2000.

吴晓煜.中国煤矿史读本（古代部分）[M].北京：煤炭工业出版社，2013.

项诚鹏.简谈国内大型焦炉及其加热系统[J].内蒙古煤炭经济，2022，40（8）：34-36.

肖瑞华，白金锋.煤化学产品工艺学[M].北京：冶金工业出版社，2008.

于遵宏，王辅臣.煤炭气化技术[M].北京：化学工业出版社，2010.

张金峰，沈寒晰，吴素芳，等.煤焦油深加工现状和发展方向[J].煤化工，2020，48（4）：76-81.

张双全.煤化学[M].徐州：中国矿业大学出版社，2015.

张晓鲁，杨仲明，王建录.超超临界燃煤发电技术[M].北京：中国电力出版社，2014.

赵宝龙.铸造焦品质对冲天炉熔炼铁液质量的影响因素研究[J].山西冶金，2022，45（2）：106-107，202.

自然资源部中国地质调查局.中国地热能发展报告（2018）[R].北京，2018.

邹才能，潘松圻，赵群.论中国"能源独立"战略的内涵、挑战及意义[J].石油勘探与开发，2020，47（2）：416-426.

邹才能，何东博，贾成业，等.世界能源转型内涵、路径及其对碳中和的意义[J].石油学报，2021，42（2）：233-247.

BP. BP Statistical Review of World Energy 2021[R]. London, 2021.

Global CCS Institute. Global Status of CCS 2021[R]. Australia, 2021.